Liza Handique Bhattacharyya
Pranaba Nanda Bhattacharyya

Elaeagnus latifolia L. conservação: Perspectivas na recuperação da terra

Liza Handique Bhattacharyya
Pranaba Nanda Bhattacharyya

Elaeagnus latifolia L. conservação: Perspectivas na recuperação da terra

ScienciaScripts

Imprint

Any brand names and product names mentioned in this book are subject to trademark, brand or patent protection and are trademarks or registered trademarks of their respective holders. The use of brand names, product names, common names, trade names, product descriptions etc. even without a particular marking in this work is in no way to be construed to mean that such names may be regarded as unrestricted in respect of trademark and brand protection legislation and could thus be used by anyone.

Cover image: www.ingimage.com

This book is a translation from the original published under ISBN 978-620-3-85481-7.

Publisher:
Sciencia Scripts
is a trademark of
Dodo Books Indian Ocean Ltd., member of the OmniScriptum S.R.L Publishing group
str. A.Russo 15, of. 61, Chisinau-2068, Republic of Moldova Europe
Printed at: see last page
ISBN: 978-620-4-17493-8

Agradecimentos

O significado do destino alcançado não pode ser de grande relevância se o caminho percorrido não for contabilizado. Além disso, o caminho da exploração, independentemente da capacidade do explorador, não pode ser percorrido de uma só vez. Portanto, há necessidade de assistência, trabalho de equipe e acima de tudo de orientação

A stautora gostaria de expressar sua gratidão e endividamento ao seu supervisor de pesquisa, Dr. Vipin Parkash, Cientista-E e Coordenador de Programa (Florestal), FRI Deemed University, Dehradun, por sua constante orientação, sugestão estimada e encorajamento copioso ao longo de todo o curso da investigação.

Ela também está grata por apresentar sua humilde gratidão ao Diretor do Instituto de Pesquisas Florestais Tropicais (RFRI), Jorhat, por lhe proporcionar a oportunidade de utilizar o espaço e os recursos do instituto durante seu trabalho de doutorado. Trabalhar com espécies vegetais economicamente importantes como *E. latifolia* L. que é endêmica em N.E. Índia é um desafio, sem informação adequada, instalações de laboratório e infra-estrutura, o trabalho não seria possível.

O 1st autor ficou em dívida com o diretor, J. B. College, Jorhat, Assam, por ter concluído tal publicação como sendo sempre encorajadora enquanto conversava com ele sobre atividades de pesquisa. Ela também agradece ao BSI, Shillong pela identificação da amostra da planta para estudo.

Dr. P. N. Bhattacharyya, Cientista C, Tocklai Tea Research Institute (TTRI), Tea Research Association (TRA), Cinnamara, Jorhat, Assam, Índia, o co-autor do livro é a pessoa central ao mesmo tempo em que identifica a necessidade de publicar esse tipo de trabalho de pesquisa com a conceituada editora internacional. Ele também prepara o livro, reescreve-o e finalmente o prepara para a publicação.

Ambos os autores agradecem ao Sr. Manoj Saikia, Engenheiro Acreditado (A.E.), Majuli Development Block, Kamalabari, Majuli, Assam, que ajudou na preparação do mapa de localização usando softwares avançados de elaboração de mapas e ampliou seu valioso tempo e espaço para completar o trabalho no tempo.

Por último, mas não menos importante, ambos os autores expressam sua especial dívida e obrigação para com duas crianças pequenas, *Anamrita* (*Aimunu*) e *Kavya* (*Pahi)* por seu compromisso e sacrifício durante a conclusão do trabalho.

O autor correspondente agradece ao Director, TTRI, TRA, Jorhat, Assam, Índia, pelos seus copiosos incentivos e interesses na simbiose actinorhizal e na restauração do solo. A ideia é tida em conta e sugeridos passos futuros para a recuperação do solo do chá, utilizando uma abordagem alternativa não química (biológica). O estabelecimento de associações actinorhizal em viveiros e plantações jovens de chá pode ter um enorme alcance enquanto mitiga os problemas relacionados com a deficiência de nutrientes em jovens plântulas, bem como para combater o grande número de tensões bióticas e abióticas que rotineiramente causam degradação da terra, redução da qualidade em jovens plântulas, produção de plantas defeituosas, intervenção patogénica em clones de chá transferidos, questões de redução da viabilidade, etc.

Liza Handique Bhattacharyya
Professor Assistente
Departamento de Botânica,
Jagannath Barooah College, Jorhat 785001, Assam, Índia

Pranaba Nanda Bhattacharyya
Cientista C
Departamento de Micologia e Microbiologia,
Tocklai Tea Research Institute (TTRI),
Tea Research Association (TRA), Jorhat 785008, Assam, Índia

Prefácio do projecto

A Índia representa um dos mais ricos hotspots de biodiversidade. Florestas, montanhas, prados, zonas húmidas, ecossistemas costeiros e marinhos e condições quentes e áridas a condições áridas a frio, etc. representam diversos habitats ecológicos que eventualmente abrigam e sustentam uma enorme biodiversidade floral e faunística na Índia, incluindo diversas categorias funcionais de espécies microbianas.

O Nordeste é a porta bio geográfica da grande Índia que pode ser considerada como uma das zonas mais ricas até agora inexploradas de biodiversidade e é conhecida pelos seus potenciais recursos genéticos em todo o mundo. A região está repleta de plantas indígenas de valor medicinal e aromático, bem como vários táxons raros, endêmicos e ameaçados, respectivamente. Esta rica e única diversidade floral de N. E. Índia está, portanto, amplamente ameaçada devido às interações adversas de múltiplos fatores relacionados com as intervenções edáficas, geológicas, climáticas e humanas.

Mantendo os pontos em consideração, a presente investigação tem-se concentrado na exploração da importância da biodiversidade de espécies vegetais endémicas até agora inexploradas desta região ecologicamente significativa. O presente projeto de livro está focado em vários aspectos de espécies de plantas indígenas economicamente importantes (*Elaeagnus latifolia* L.) de N. E. Índia, com o devido interesse em identificar estratégias científicas de conservação utilizando ferramentas e técnicas biológicas modernas. Acredita-se que o estudo aprofundado de valiosos recursos genéticos vegetais será de imenso valor para a pesquisa sobre descoberta de medicamentos, validação de práticas de cura tradicionais, micropropagação de espécies comerciais e estudos biotecnológicos, incluindo genômica, metabólica e fenômica de plantas medicinais. Além disso, existe amplo escopo para o uso de espécies endêmicas de plantas em programas de restauração do solo, incluindo a recuperação de terras degradadas como solos de chá, abrindo assim novas perspectivas para a pesquisa e desenvolvimento florestal e de plantações. Acredita-se que a maioria das terras degradadas, incluindo as áreas sob cultivo de chá, podem ser reclamatizadas usando esta espécie de planta indígena, *E. latifolia* L.

Existem amplas possibilidades de explorar a riqueza microbiana nas plantas endémicas/endémicas/ameaçadas economicamente importantes. As plantas indígenas podem ser exploradas para tesouros relacionados à atividade microbiana como bactérias produtoras de biosurfactantes (por exemplo, *Pseudomonas aeroginosa*, *P. fluorescens* (produção de ramnolipídeos), *B. subtilis* (produção de lipopeptídeos e lipoproteínas), etc, micróbios degradantes de pesticidas como *Pseudomonas*, *Bacillus*, *Alcaligenes*, *Flavobacterium*, *Micromonospora*, *Rhizopus*, *Aspergillus* etc. para degradação da toxicidade em citostáticos e outros produtos farmacêuticos e de cuidados pessoais (PPCPs), bem como microrganismos produtores de exopolímeros como *Arthrobacter*, *Citrobacter*, *Streptomyces*, Leveduras, etc, formação de biofilme microbiano (o tratamento mais comum de água contaminada com metais pesados utilizando espécies microbianas) e actividades de bioestimulação (para aumentar o potencial intrínseco de biodegradação de espécies microbianas potentes em matriz poluída através da acumulação de fertilizantes, fontes de carbono, alterações ou outros nutrientes). Cepas microbianas eficientes podem ser modificadas por tecnologia de DNA recombinante para que possam trabalhar em conjunto contra grandes moléculas de produtos químicos e assim criar novos caminhos na degradação de pesticidas usando as mais recentes técnicas biológicas, que é a necessidade do momento para manter o cultivo sustentável do chá.

Para superar os problemas relacionados com a falta de alocação de nutrientes em solos degradados, árvores fixadoras de nitrogênio de crescimento rápido, tais como plantas actinorhizais que abrigam muitas categorias benéficas de microorganismos promotores de crescimento de plantas (PGPMs), incluindo a espécie *Frankia,* podem ser usadas como uma estratégia eficaz e inovadora para o cultivo sustentável do chá e a restauração do ecossistema do chá. As espécies microbianas de importância agrícola (AIMs) são conhecidas por desempenharem um papel vital na aquisição de nutrientes e por isso melhoram a saúde e higiene do mato. A aplicação dos microrganismos benéficos pode melhorar a estrutura do solo, melhorar a saúde do solo e pode gerir os recursos naturais, sendo assim capaz de aumentar a produtividade das culturas sem prejudicar o ecossistema. Plantas fixadoras de nitrogênio, tais como espécies actinorhizal que são capazes de crescer em solos pobres e perturbados podem ser amplamente selecionadas e plantadas em áreas de cultivo de chá para reduzir a degradação do solo e manter os problemas de fertilidade do solo. Associação de micróbios do solo especialmente as bactérias fixadoras de nitrogênio, *Frankia* com estas plantas actinorhizal pode mitigar os efeitos adversos causados devido a mudanças abruptas nos fatores climáticos, bem como insumos químicos nos campos de chá. A inoculação de plantas actinorhizal com *Frankia* melhora significativamente o crescimento e vigor das plantas, biomassa, teor de N de rebentos e raízes e taxa de sobrevivência após o transplante nos campos.

O escopo também aparece ao plantar plantas actinorrízicas em práticas agrícolas sustentáveis, de modo a aumentar a população destes recursos genéticos vegetais ecologicamente significativos e assim promover a sua conservação. Espécies de plantas actinorrízicas como *E. latifolia* L. e *M. esculenta* diminuíram rapidamente em número e população a partir da maioria das condições naturais do habitat. A conservação da diversidade genética das espécies vegetais actinorhizais é importante, uma vez que estas plantas albergam populações activas de micro-endosimbiontes como *Frankia* sp. que têm potencial uso como componente não químico de programas de reabilitação do solo e estratégias eficazes para o programa de gestão de nutrientes e doenças na maioria dos ambientes de solo degradados, incluindo o ecossistema do chá. Além disso, os frutos da maioria das plantas actinorhizal como *M. esculenta* e *E. latifolia* são naturalmente ricos em proteínas, carboidratos, etc., o que é outro benefício para os cultivadores venderem estes alimentos nutritivos para a sua geração de renda. As baixas necessidades nutricionais das plantas e a capacidade eficiente das plantas para utilizar os nutrientes tornam-nos úteis para restaurar o equilíbrio ecológico e a opção amiga do ambiente. Como Assam é um ponto quente natural para o cultivo do chá e o uso extensivo de fertilizantes químicos, pesticidas e herbicidas nas áreas de cultivo do chá estão criando estragos neste "ecossistema da floresta de chá", além de perturbar a tranquilidade da plantação, a exploração e utilização da simbiose vegetal *Frankia-actinorhizal* serviria como uma abordagem biológica eficaz para o cultivo sustentável do chá e a reabilitação do solo. Como os nódulos são perenes, o efeito positivo das inoculações de *Frankia* continua durante vários anos, o ponto que trouxe tremendos aspectos para a inoculação desses microendosilões sob situações de terra degradada como o solo de chá. Como o chá é uma cultura perene, o solo nas plantações de chá sofre principalmente da aplicação injudiciosa e indiscriminada da maioria dos suplementos químicos tóxicos ao longo dos anos; o uso das plantas actinorhizal que albergam estes benéficos endo-ósseis seria uma escolha adequada pelos plantadores para restaurar a fertilidade do solo sob cultivo.

Liza Handique Bhattacharyya
Pranaba Nanda Bhattacharyya

Lista de tabelas

Lista de números

Fig. 1: Posição sistemática de *Elaeagnus latifolia* L

Fig. 2: Mapa mostrando os locais de amostragem (Círculos)

Fig. 3: Morfologia de *E. latifolia* L. **A.** Hábito de *E. latifolia* L.; **B.** Botão floral; **C.** Porção do caule mostrando ramo nodal; **D.** Fruto cru; **E.** Grão de pólen tricolpe; **F.** Grão de pólen germinado; **G.** Frutos parcialmente maduros; **H.** Diagrama floral

Fig. 4: Estudos anatômicos do espécime alvo. **A. T.S.** de caule; **B.** T.S. de raiz; **C.** T.S. de pecíolo; **D.** T.S. de lâmina; **E.** Feixes vasculares de midvein; **F.** Estômatos e células epidérmicas; **G.** Arquitetura da folha; **H.** Visão microscópica das partículas presentes na superfície inferior das folhas; **I.** Uma única partícula

Fig. 5: Histograma que mostra o índice estomacal (porção de folha) sob observação

Fig. 6: Índice estomatológico de porção de folha sob observação (%)

Fig. 7: Distribuição de *Elaeagnus latifolia* L

Fig. 8: *Soh-Shang* árvore (*E. latifolia* L.) mostrando A. Crescimento das plântulas; B. Produção pesada na árvore; C. *Soh-shang* semente; D. Variabilidade em *Soh-shang*

Conteúdo

1. Antecedentes da Pesquisa

A Índia representa um dos países mais ricos do mundo em mega-biodiversidade. Gegráficamente, a Índia está situada entre 8°4' norte a 37°6' latitude norte e 68°7' leste a 97°25' longitude leste. A Índia tem uma fronteira terrestre de 15.200 km e uma linha costeira de 7.516,6 km. A Índia representa seis regiões fisiográficas como as Montanhas do Norte (Himalaias), o Planalto Peninsular contém cadeias de montanhas, Ghats Oriental e Ocidental e planaltos (Planalto de Malwa, Planalto de Chhota Nagpur, terreno Sul de Garanulite, Planalto de Deccan e planalto de Kutch Kathiawar), Planície Indo-Gangestica, Deserto de Thar, Planícies Costeiras (dobras de Ghat Oriental e dobras de Ghats Ocidental) e as ilhas Andaman e Nicobar e as ilhas Lakshadweep. A Índia é biogeograficamente diversa, conforme indicado pela topografia diversa e clima alternado. Florestas, montanhas, prados, zonas húmidas, ecossistemas costeiros e marinhos e condições quentes e áridas a condições áridas a frio, etc., representam diversos habitats ecológicos que eventualmente abrigam e sustentam uma enorme biodiversidade floral e faunística na Índia, incluindo diversas categorias funcionais de espécies microbianas. Biogeograficamente, a Índia está situada na tri-junção dos reinos afro-tropical, indo-malaio e paleo-árctico, permitindo assim a mistura de elementos florísticos destas regiões e tornando-a um dos 17 países da megadiversidade no mundo. A massa terrestre indiana que se estende por uma grande área geográfica é delimitada pelos Himalaias ao norte, a Baía de Bengala a leste, o Mar Arábico a oeste e o Oceano Índico a sul. Como originalmente a Índia está situada numa região tão importante do ponto de vista ecológico, apresenta uma riqueza de espécies e um endemismo notáveis. A diversidade floral na Índia está concentrada principalmente em hotspots de biodiversidade, como os Himalaias Orientais, Ghats Ocidentais, o Nordeste da Índia e as Ilhas Andaman e Nicobar, de 34 hotspots de biodiversidade de património mundial. Um dos 17 países megadiversos, abriga 7,6% de todos os mamíferos, 12,6% de aves, 6,2% de répteis, 4,4% de anfíbios, 11,7% de peixes e 6,0% de todas as espécies de plantas floríferas. Estima-se que das 49.003 espécies de plantas que formam a cobertura vegetal evidente, as angiospérmicas compreendem aproximadamente 18.532 espécies, representando cerca de 10% de todas as plantas floríferas conhecidas do mundo. No entanto, esta rica e única diversidade floral da Índia está amplamente ameaçada devido às interações adversas de múltiplos fatores relacionados com o edáfico, geológico, climático e a intervenção humana. Além disso, a própria natureza das endemias torna-as invulgarmente vulneráveis à extinção. Assim, as áreas floristicamente significantes estão gradualmente a experimentar uma concentração excepcional de espécies endémicas e destruição de habitat com maior ocorrência de espécies vegetais ameaçadas. De acordo com o livro de dados vermelho indiano publicado pelo Botanical Survey of India (BSI), 10% do total de plantas com floração no país são relatadas como ameaçadas de extinção. Das 1500 espécies florais ameaçadas, 800 são relatadas apenas do nordeste da Índia. Existem mais de 2.00.000 espécies na Índia, das quais várias estão confinadas à endêmica, portanto, requer a devida atenção e estratégias de conservação contra o clima rigoroso e a pressão antropogênica, caso contrário, não estaremos em posição de suportar este imenso pedaço de diversidade, nos próximos dias.

Como as espécies endêmicas são insubstituíveis, endemismo significa a singularidade de uma região. É importante mencionar que como as espécies endêmicas ou ameaçadas são basicamente sensíveis ao clima na natureza, a abordagem indígena, bem como a moderna abordagem científica para conservar seus atributos fenológicos únicos, é essencial para gerar os dados de base para a sustentabilidade e conservação contínua futura de recursos genéticos vegetais únicos. A abordagem é essencial para uma melhor percepção da situação atual da diversidade florística e para desenvolver estratégias adequadas de manejo e plano de ação para a preservação dessas áreas ricas em biodiversidade junto com os recursos.

O Nordeste da Índia (ocupa uma área geográfica total de 262.179 km2 e está localizado entre 87 °E a 97° E de latitude e 21 °N a 29° N de longitude) é a porta bio geográfica da grande Índia que pode ser considerada como uma das zonas mais ricas em biodiversidade e é conhecida pelos seus potenciais recursos genéticos em todo o mundo. A região N.E. da Índia (compreende estados como Arunachal Pradesh, Assam, Meghalaya, Manipur, Tripura, Mizoram, Nagaland e Sikkim) pode ser categorizada fisiograficamente nos Himalaias Orientais, Colinas do Nordeste (Patkai-Naga Hills e Lushai Hills) e nas planícies Brahmaputra e Barak Valley. Na confluência dos reinos biogeográficos Indo-Malaio, Indo-Chinês e Indiano, a região N.E. é conhecida pela sua biodiversidade única com um alto nível de endemismo. A Conservation International elevou o hotspot do Himalaia Oriental que inicialmente cobria os estados de Arunachal Pradesh, Sikkim, Darjeeling hills, Butão e Sul da China até o hotspot Indo Burma que agora inclui todos os oito estados do Nordeste da Índia, juntamente com os países vizinhos do Butão, Sul da China e Myanmar. Sendo a 'porta de entrada' geográfica para grande parte da flora e fauna da Índia (abrigando cerca de 8.000 de 15.000 espécies de plantas floríferas disponíveis na Índia), a região é de imensos valores biológicos. Inclui 40 das 54 espécies de gimnospermas, 500 das 1012 espécies de pteridófitas, 825 das 1145 espécies de orquídeas, 80 das 90 espécies de Rhododendros, 60 das 110 espécies de bambus e 25 das 56 espécies de bengalas. A região é rica em plantas medicinais e aromáticas e muitas outras raras e ameaçadas de extinção, respectivamente. Mais de 200 tribos do nordeste da Índia possuem grandes conhecimentos indígenas de medicina herbácea eficaz que normalmente habitam neste local prístino. Um número significativamente grande da população local desta parte do país ainda depende dos sistemas tradicionais de saúde e utiliza diferentes métodos e materiais tradicionais para tratar doenças como malária, várias doenças estomacais, diabetes, doenças ginecológicas e doenças relacionadas com os cuidados infantis, respectivamente, bem como doenças do gado. Também tem sido observado que a população local, mesmo com acesso adequado aos modernos sistemas alopáticos de medicina, ainda prefere os medicamentos à base de plantas para o seu fácil acesso, menores efeitos colaterais e razões de baixo custo.

A conservação e utilização sustentável das plantas indígenas também são importantes para uma melhor gestão de recursos valiosos como madeira, frutas, etc., tendo assim amplo alcance e evidência na melhoria da subsistência e do empreendedorismo local. No entanto, várias destas espécies de plantas medicinais têm taxas de crescimento lento, densidades populacionais baixas e faixas geográficas estreitas; portanto, mais propensas à extinção. Pelo contrário, como a informação sobre o uso de espécies de plantas para fins terapêuticos tem sido transmitida de geração em geração através da tradição oral, este conhecimento sobre plantas terapêuticas começou a diminuir e a tornar-se obsoleto devido à falta de reconhecimento por parte das gerações mais jovens, como resultado de uma mudança de atitude e das mudanças sócio-económicas em curso. Assim, muito menos informação está disponível sobre a diversidade, usos e cultivo da maioria das plantas economicamente importantes que são utilizadas indigenamente pela população local da região. Através da realização da contínua erosão no conhecimento tradicional de muitas plantas valiosas para a medicina, agricultura e silvicultura no passado e do interesse renovador atual, surge a necessidade de rever o valioso conhecimento com a expectativa de desenvolver ferramentas e técnicas biológicas modernas, além da assistência do conhecimento indígena, até agora, no setor. Diversos habitantes microbianos residentes nas espécies vegetais endêmicas/endêmicas e em torno delas podem ser considerados como potenciais centros de futuros programas de desenvolvimento e concepção de medicamentos.

Além disso, há também um interesse crescente na exploração dos recursos microbianos desses potentes recursos genéticos vegetais que poderiam ser desenvolvidos como formulações microbianas benéficas para uso na silvicultura e na agricultura. Mantendo os pontos em consideração, a presente investigação tem sido focada na exploração da importância da biodiversidade de espécies vegetais endêmicas até então inexploradas desta região. O presente livro está focado em explorar vários aspectos de espécies de plantas indígenas economicamente importantes (*Elaeagnus latifolia* L.) de N.E. Índia, com o devido interesse em estratégias de conservação utilizando técnicas biológicas modernas. Acredita-se que o estudo aprofundado de valiosos estoques genéticos de plantas será de imenso valor para a pesquisa sobre descoberta de medicamentos, validação de práticas tradicionais de cura, micropropagação de espécies comerciais e estudos biotecnológicos, incluindo genômica, metabólica e fenômica de plantas medicinais. Embora uma série de fotoquímicos sejam conhecidos mundialmente pelo seu uso como drogas potenciais para o tratamento de várias doenças, incluindo o câncer, esses tesouros tradicionais de plantas medicinais ainda não ganharam a atenção da comunidade científica, já que seu conhecimento ainda está confinado à população local da comunidade. Eles não só são considerados como recursos econômicos valiosos para a comunidade local de um país, mas também podem atuar como novas fontes de interesse para as empresas multinacionais descobrirem e projetarem novos medicamentos e inventarem tratamentos e caminhos eficazes para doenças humanas, bem como para a pecuária.

Além disso, existe amplo escopo para o uso de espécies vegetais endêmicas em programas de restauração do solo, incluindo a recuperação de terras degradadas, incluindo o solo de chá, abrindo assim novas perspectivas para a pesquisa e desenvolvimento florestal e de plantações. Lado a lado, a abordagem da restauração do germoplasma também serve passos importantes para a conservação dos recursos genéticos vegetais únicos no futuro. Além disso, os simbiontes microbianos e outras espécies microbianas habitadas nessas espécies vegetais e sua rizosfera atuam como outros tesouros novos para promover práticas agrícolas sustentáveis, assim como para melhorar a humanidade.

O presente livro está focado em espécies de plantas actinorhizal, *Elaeagnus latifolia* L. (conhecida como o oleaster bastardo ou soh-sang, é uma espécie de *Elaeagnus* nativa da Índia e do Sudeste Asiático) que gradualmente diminuiu em número e população a partir de muitas localidades da N.E. Índia. O risco do desaparecimento pode ser como espécies vegetais endémicas com distribuição geográfica restrita e espécies vegetais raras ameaçadas pela destruição do habitat. A sobre-exploração da riqueza florestal natural devido a fatores antropogênicos fez com que a capacidade natural de sustentação do ecossistema se deteriorasse e, com isso, provocasse toxicidade ambiental. Uma combinação de múltiplos factores geográficos, tais como factores edáficos, geológicos, ecológicos e climáticos únicos (temperatura, radiação solar, pressão atmosférica, seca, inundações, etc.) juntamente com factores biológicos, tais como a redução da produção de sementes e frutos, a redução da polinização, a dispersão limitada e as interacções inter ou intra-espécies têm uma influência significativa para uma gama restrita na biodiversidade vegetal ou habitat e distribuição de uma flora individual. Verificou-se que a maioria das espécies de plantas florestais está à beira da extinção, principalmente devido a factores antropogénicos. Portanto, é urgentemente necessário preservar e proteger as espécies vegetais endémicas/endémicas/ameaçadas economicamente importantes, através de ferramentas e técnicas biotecnológicas modernas e utilizando microflora benéfica, incluindo os endófitos, endomicorrizas e tecnologia VAM, etc., para conservar a diversidade florestal em geral e assim acelerar ambientes mais verdes.

Portanto, a caracterização da diversidade genética de *E. latifolia* L. seguida de sua conservação é importante para aspectos sustentáveis dos recursos fitogenéticos e para uma maior disponibilidade dos recursos fitogenéticos do ponto de vista. Sendo um hospedeiro natural de micróbios benéficos como endófitos, endomicorrizas, microfungos, incluindo a bactéria fixadora de nitrogênio *Frankia* sp. e *Pseudomonas* sp. etc., esta planta abriga potenciais núcleos de diversas microfloras benéficas que podem ser usadas para programas de restauração do solo, bem como reconstrução de habitat para o desenvolvimento da sucessão ecológica e sustentabilidade. A incorporação de materiais biológicos modernos como os microorganismos promotores do crescimento de plantas nativas (PGPMs) e os fungos micorrízicos arbusculares (AMF) poderiam ser utilizados como ferramentas únicas para o cultivo e a propagação de espécies ameaçadas de extinção para serem utilizadas na agricultura sustentável e para a conservação *in situ* e *ex situ* destes recursos vegetais e dos seus habitats naturais. Além disso, há também a necessidade de conservar o pool genético microbiano até agora não explorado (PGPMs, endófitos, microfungos, fungos AM etc.) desta espécie vegetal economicamente importante *E. latifolia* L. nas áreas ricas em biodiversidade como N.E. Índia que eventualmente detém promessas já que as cepas microbianas putativas podem levar ao isolamento de novos componentes bioativos para uso na indústria, medicina e agricultura.

2. *Elaeagnus latifolia* L.: Taxonomia, habitat e distribuição geográfica

Elaeagnus latifolia L. pertence à família *Elaeagnaceae,* localmente conhecida como *Soh-shang* nas colinas de Khasi em Meghalaya e *Mirika Tenga* em Assam, é um grande arbusto arbustivo lenhoso do tipo sempre verde com escamas ferruginosas e brilhantes que são frequentemente espinhosas. *E. latifolia* é colocado sob a Ordem Rosales, Família Elaeagnaceae (Fig. 1). Anteriormente, foram colocadas em ordem Proteales por causa das semelhanças florais superficiais, e em Elaeagnales-Rhamnanae, ao lado de Proteanae, em Rosidae. De acordo com o sistema de classificação APG III, *E. latifolia* L. pertence à ordem Rosales sob super ordem Rosanae Takht. Pertence à subclasse Magnoliidae Novak ex Takht. sob a subclasse Equisetopsida C. Agardh.

A classificação taxonómica que indica a posição da fábrica é a seguinte:

Classe: Equisetopsida C. Agardh

Subclasse: Magnoliidae Novak ex Takht.

Super-ordem: Rosanae Takht.

Encomenda: Rosales

Família: Elaeagnaceae Juss.

Género: *Elaeagnus* L.

Espécie: *E. latifolia* L .

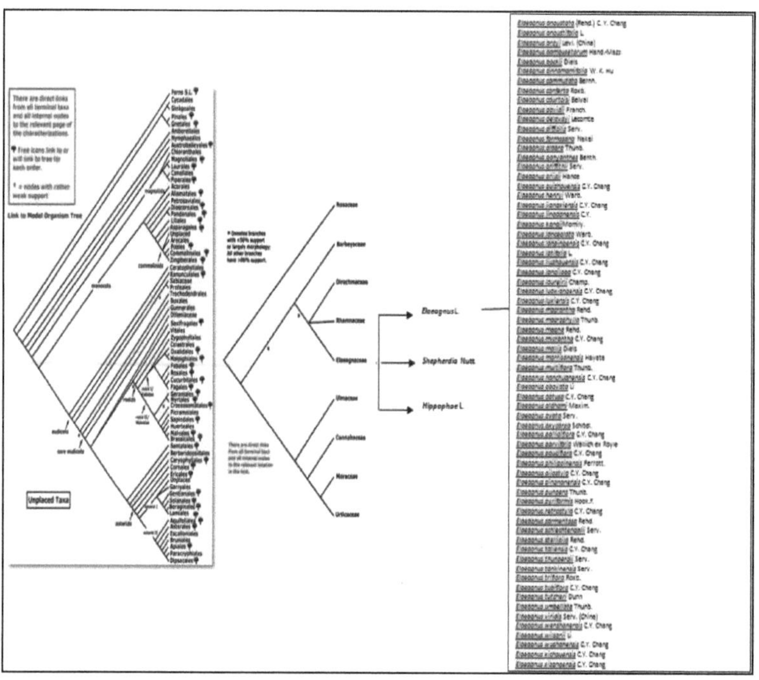

Fig. 1: Posição sistemática de *Elaeagnus latifolia* L.

2.1 A família Eleagnaceae

Elaeagnaceae é uma família de plantas (a família do oleastro) da ordem Rosales composta por pequenas árvores e arbustos, nativos de regiões temperadas do Hemisfério Norte, do sul para a Ásia tropical e Austrália. A família tem cerca de 60 espécies em três gêneros. Eles são geralmente espinhosos, com folhas simples muitas vezes cobertas por pequenas escamas ou pêlos. A maioria das espécies são xerófitas (encontradas em habitats secos); ou halófitas que toleram altos níveis de salinidade do solo.

A família Elaeagnaceae frequentemente abriga categorias microbianas benéficas como actinomicetos fixadores de nitrogênio do gênero *Frankia* em nódulos radiculares e assim significa a importância das plantas para programas de restauração do solo. Este conhecimento único dos membros da família tem um enorme potencial na agricultura, na silvicultura e na pesquisa de plantações para melhorar as questões de fertilidade do solo, desempenhando assim um papel vital no crescimento das plantas e nos parâmetros relacionados com o rendimento. A natureza de sementes dos membros reconhece-as como recursos vegetais únicos para a utilização humana. Os caules e folhas destas plantas são cobertos com pêlos castanhos prateados ou dourados, que são peletizados ou escamosos. Shepherdia e Hippophae são unisexuais, a fêmea e o macho são carregados em diferentes plantas (dioeciosas). Não há pétalas, sendo o perianto composto por um único espiral de duas a oito sépalas fundidas. Na flor masculina, o receptáculo é frequentemente plano, enquanto nas flores bissexuais e femininas é tubular, há quatro a oito estames com filamentos livres e anteras biloculares. O ovário é superior com um carpel contendo um único óvulo anatómico erecto. O estilo é longo e tem um único estigma. O fruto é uma estrutura tipo drupa ou acheno, fechada pela parte inferior espessada do cálice persistente. Contém uma única semente com pouco ou nenhum endosperma e um embrião reto com cotilédones carnudos espessos. Várias espécies são conhecidas por serem cultivadas como arbustos ornamentais, nomeadamente *Elaeagnus angustifolia* (oleaster), *E. pungens*, *E. umbellata* e *E. macrophylla*, que são cultivados principalmente como arbustos decíduos ou sempre-verdes pela sua folhagem atraente. *Hippophae rhamnoides* (espinheiro-marinho) é popular por produzir bagas laranjas brilhantes nas estações de Outono e Inverno. Os frutos de várias espécies são comestíveis, por exemplo, os da *Shepherdia argentea* (baga de búfalo prateado). Os frutos são utilizados indigenamente na preparação de compotas e geleias e também são comidos secos com açúcar em várias partes dos Estados Unidos da América e Canadá. As bagas da *Shepherdia canadensis* (baga de carapaça de búfalo) quando secas ou fumadas são frequentemente utilizadas como alimento pelos esquimós. As bagas de *Hippophae rhamnoides* são transformadas num molho em França e em geleia noutros locais. A madeira desta espécie é de grão fino e é utilizada para tornearia. Os frutos do arbusto japonês *E. multiflora* (elaeagnus cereja) são utilizados como conservas e são utilizados em bebidas alcoólicas. Podem tornar-se invasivos em muitos locais onde estão estabelecidos como espécies exóticas. Duas espécies (*E. pungens* e *E. umbellata*) são actualmente classificadas como espécies nocivas e invasivas de categoria II em muitas regiões do mundo e pelo Florida Exotic Pest Plant Council.

2.2 História do Fóssil

O pólen fóssil de *Elaeagnacites* é descrito do Cretáceo tardio (Santoniano) da China e o pólen semelhante ao de Elaeagnaceae está disseminado no Paleoceno. Existem evidências de pólen de *Elaeagnacites do* Eoceno superior Florissant Formation, Colorado, local de McGinitie's Wardell Ranch Flora no Colorado do Eoceno médio para o Eoceno médio tardio e amostras similares do xisto Laney da bacia de Washakie, membro do Eoceno inicial. Uma flor *E. orquidioides* fóssil é registrada do Pliocene tardio de Willershausen (Kalefeld), Hesse, Alemanha. Há dois registros de madeira fóssil com extensa documentação de características anatômicas: *E. semiannulipora* do início do Mioceno de Yamagata, Japão e *Eleagnaceoxylon shepherdioides*, considerados semelhantes a *Shepherdia*, da formação de beaufort Pliocene, ilha dos bancos noroeste, Canadá. Quatro folhas fósseis foram descritas com características diagnósticas de *Elaeagnus* do falecido Mioceno do Tibete oriental, altitude moderna de 3910 m. O gênero *Elaeagnus* (Elaeagnaceae) atinge a sua maior diversidade (54 espécies) e endemismo (36 espécies) na área. A diversificação de *Elaeagnus* no planalto Qinghai-Tibet e áreas adjacentes pode ter sido impulsionada pela elevação contínua, pelo menos desde o final do Mioceno, causando a formação de topografia complexa e clima com alta sazonalidade pluviométrica.

3. Levantamento e exploração das espécies de plantas-alvo: Abordagem actual

A Índia é um dos países mega-diversos mais importantes. Assam e Meghalaya do Nordeste da Índia com riqueza florística diversificada e luxuriante é considerado como centro ativo de evolução de muitos novos pools genéticos, incluindo o pool genético microbiano. Os estados também são conhecidos como o caminho da porta florística do Nordeste da Índia. No entanto, os estados estão progressivamente perdendo sua biodiversidade, bem como uma vasta extensão de área florestal devido à erosão do solo, inundações e diferentes atividades antropogênicas como o desmatamento, pressões bióticas excessivas, etc., e assim causando a perda de biodiversidade. A invasão extensiva das florestas reservadas é outra ameaça que causa graves danos à biodiversidade, o que resulta no esgotamento gradual da cobertura florestal e do dossel.

Percebendo a importância de espécies endêmicas economicamente importantes da região N.E., a abordagem atual foi feita para pesquisar e explorar o habitat de recursos genéticos vegetais indígenas como *E. latifolia* L., uma espécie vegetal endêmica da região. A literatura foi concebida e focalizada para programar as estratégias de conservação desta espécie vegetal economicamente importante. Juntamente com a conservação das espécies alvo, *E. latifolia* L., outras estratégias de conservação têm sido discutidas a fim de fornecer luz sobre a conservação da biodiversidade vegetal e a geração de sustentabilidade. Durante a presente investigação, todo o estudo foi realizado em três localizações geográficas do Nordeste da Índia, como Jorhat (uma das zonas mais ricas em biodiversidade em Assam, com uma área geográfica de 2859,3 km2 situada entre 26,46 °N de latitude e 96,16 °E de longitude), Sivasagar (26,45 °N de latitude e 95,25 °E de longitudes) e Meghalaya (25,65 °N de latitude e 91,88 °E de longitude) (Fig. 2). Os climas da área de estudo são tipicamente tropicais a sub-tropicais com precipitação média anual, temperatura e humidade de cerca de 272,84 mm, 23°C e 82,1% respectivamente. As florestas da região são geralmente de tipo perene, semi-verdes a decíduas. Caracteriza-se por três camadas distintas de plantas como camada superior de árvores, meio de arbustos e inferior de plantas herbáceas e samambaias.

A maioria da população local da zona N.E. é independente dos recursos florestais circundantes para necessidades regulares como alimentos, fogo, incluindo medicamentos. No entanto, devido à intrusão da civilização moderna, as populações da região estão à beira de perder a sua cultura e tradição tribal, o que posteriormente leva ao esgotamento das riquezas naturais como a floresta e a flora e fauna associadas. A identificação, documentação adequada e preservação das plantas de valores etno-medicinais de toda a região precisa ser abordada a fim de explorar a região biodiversa de forma mais natural e científica. O levantamento foi realizado em áreas selecionadas para a coleta de espécimes de plantas, *E. latifolia* L., (Fig. 2) que é reconhecida por sua relação simbiótica única com vários microbiotas benéficos, incluindo *Frankia* sp.

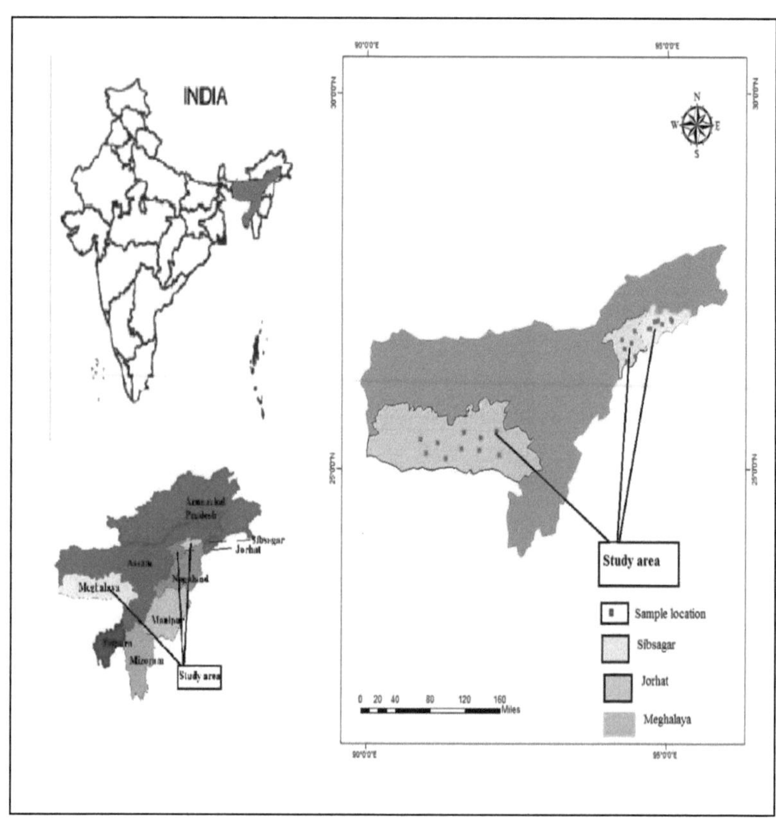

Fig. 2: Mapa mostrando os locais de amostragem (Círculos).

3.1 Morfologia da *E. latifolia* L.

As variações morfológicas de *E. latifolia* L. estão representadas na Fig. 3.

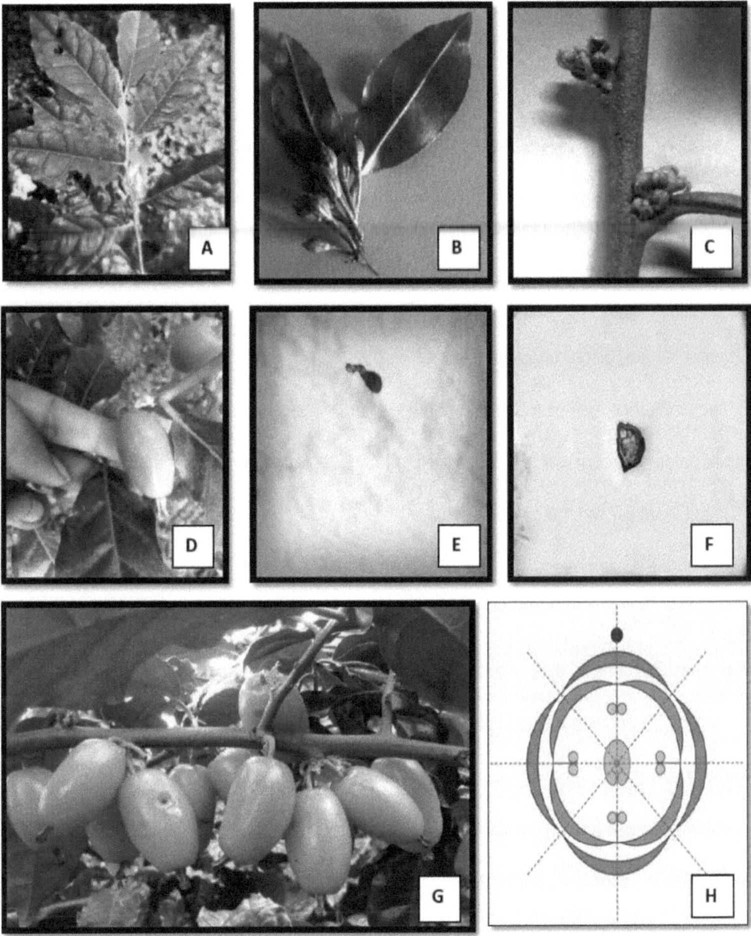

Fig. 3: Morfologia de *E. latifolia* L. **A**. Hábito de *E. latifolia* L.; **B.** Botão floral; **C.** Porção do caule mostrando ramo nodal; **D.** Fruto cru; **E.** Grão de pólen tricolpe; **F.** Grão de pólen germinado; **G.** Frutos parcialmente maduros; **H.** Diagrama floral.

A distribuição taxonómica das espécies vegetais é a seguinte:

Hábito: Trepadeira lenhosa ou pequena árvore ou arbusto decídua de 5-10 m de altura (Fig. 3(A).

Raízes: Sistema radicular com nódulos ligados a ele nos ramos laterais das raízes.

Haste: Alta, erecta, altamente ramificada, lenhosa e glabra (Fig. 3 (C).

Sai: Folhas alternadas, simples, inteiras, 4-8 cm, lanceoladas a oblongas, mais prateadas na superfície inferior, 3-7 cm de comprimento e 1-1,3 cm de largura, obtusas no ápice, aparecem de maio a junho.

Flores: Bissexuais, amarelas, pequenas, eretas, bissexuais e com tubos de cálice em forma de sino e um disco floral conspícuo, glabro, cónico, que rodeiam a base do estilo, actinomórfico, completo, pentamentário, colorido e hipoginoso (Fig. 3B).

Calice: sépalas 4, de cor verde, gamosepalos, tubos de calice em forma de sino, em forma de funil, e de 5-7 mm de comprimento.

Corolla: Pétalas 4, gamosepalos, de cor ligeiramente amarelada, em forma de sino, inclinada, perfumada.

Androecium: Stamens 4, livre, filamentos longos, finos, de comprimento igual; anther bilobed, linear, dithecous e deiscing por fendas verticais.

Gynoecium: Carpelo 1, monocarpo, ovário superior, unilocular, axiolo de placentação. O estilo é filiforme e estigma em forma redonda.

Frutas: Frutos em forma de azeitona, secos, vermelhos na maturação e elípticos, 9-12 mm de comprimento e 6-10 mm de largura, maduros em março (Fig. 3D e 3G)

Sementes: Elongate e elíptico em forma.

Grãos de pólen: Tricolpe (Fig. 3 E-F).

Fórmula floral: ⚥ ⊕ $K_4 C_4 A_4 G_1$ (Fig. 3 H)

3.2 Descrição anatómica

Haste

A secção transversal da haste é mostrada na Fig. 4. A secção transversal do caule (Fig. 4A) mostra que a epiderme é contínua e composta por células rectangulares seguidas por camadas de células hipodérmicas, colenquimatosas na natureza. A região do córtex junto à hipoderme é composta por células poligonais de forma irregular, clorídricas na natureza. O periciclo é composto por poucas camadas de células em torno do xilema secundário e floema com fossos bordados intercalados com raios medulares.

Raiz

As secções transversais das raízes são mostradas na Fig. 4B. T.S. de raízes mostra que o epiblema é contínuo com células finas não cortadas e multiseriate. O córtex é composto de células isodiametricas parenquimatosas de parede fina com muitos espaços intercelulares dispostos em filas radiais vasculares distintas. A endoderme consiste em camadas únicas de células estreitamente empacotadas seguidas de periciclo. Os tecidos vasculares são dispostos radialmente com grandes tecidos xilêmicos secundários que circundam a medula central, compostos de células parenquimatosas de paredes finas.

Folhas
A. Petiole

T.S. de pecíolo mostra como triangular em contorno (Fig. 4C). A epiderme é constituída por uma única camada de células em forma de barril compactamente dispostas, seguida por hipoderme representada b 2-3 camadas de células colenquimatosas. O tecido triturado é constituído por células parenquimatosas contendo cloroplastos que centram o tecido vascular disposto em forma de uma cintura com xilema adaxial e floema abaxial.

B. Lamina

A lâmina é constituída por múltiplas camadas de células. A epiderme não é perfurada continuamente na superfície abaxial com grande número de estomas (Fig. 4F) e coberta com depósitos de partículas características na superfície abaxial (Fig. 4H). Os tecidos mesofílicos são compostos por células parenquimatosas de parede fina com numerosos cloroplastos. As células da paliçada colunar são dispostas de forma compacta com seu longo eixo em ângulo reto com a epiderme da folha. As células parenquimatosas esponjosas são de forma irregular e estão dispostas de forma solta, encerrando grandes espaços intercelulares. As midrib ou midveins consistem de um feixe colateral com xilema adaxial e floema abaxial.

Depósitos de partículas na raiz, no caule, nas folhas, nos frutos e nas sementes

Um fenômeno interessante observado é a deposição de certas partículas prateadas que são encontradas, no máximo, na superfície inferior das folhas (Fig. 4(H-I). A análise de XRD das partículas revelou que elas são amorfas na natureza. No entanto, existe uma potencialidade de tais partículas serem utilizadas como nanopartículas de prata.

Índice estomatológico

Os estomas e as células epidérmicas foram observados sob cinco campos microscópicos. O índice estomacal e o índice estomacal (%) em *E. latifolia* são mostrados na Tabela 1 e 2, respectivamente. Foi observado que o índice estomático e o índice estomatológico (%) estavam elevados na parte basal da folha (0,59 e 58,80 %) seguido pela porção apical da folha (0,56 e 56,06 %) e porção média da folha (0,55 e 55,40%) respectivamente (Fig. 5 e 6).

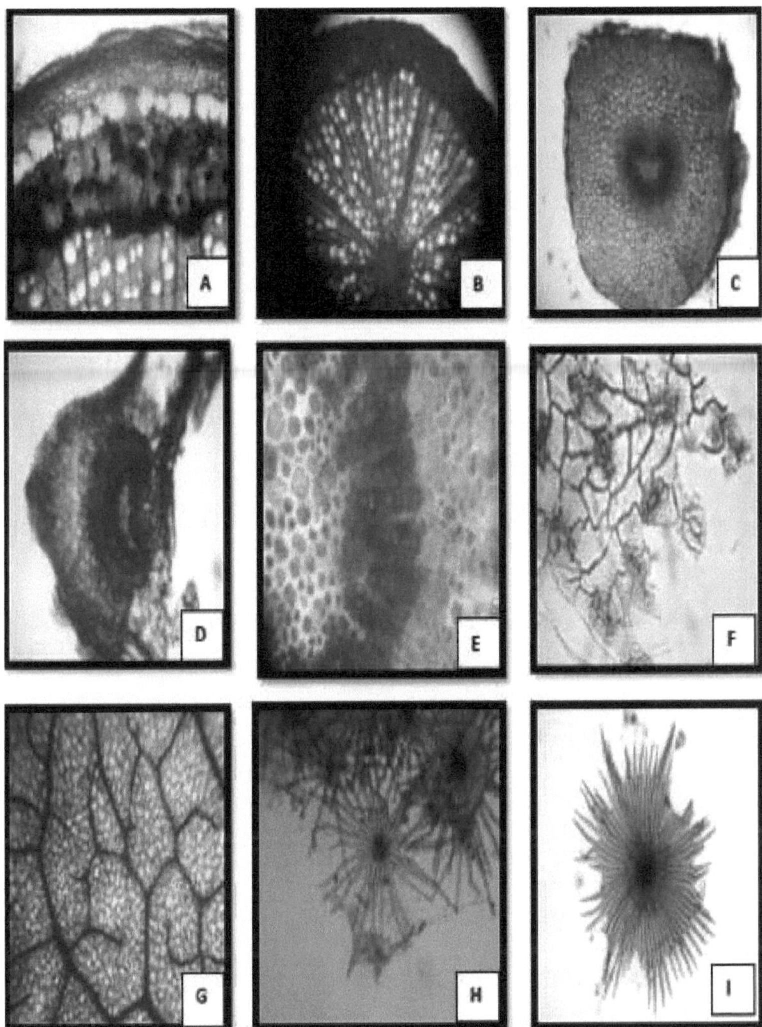

Fig. 4: Estudos anatômicos do espécime alvo. **A.** S.T. de caule; **B**. S.T. de raiz; **C**. S.T. de pecíolo; **D.** S.T. de lâmina; **E.** Feixes vasculares de midvein; **F.** Estômatos e células epidérmicas; **G.** Arquitetura da folha; **H**. Visão microscópica das partículas presentes na superfície inferior das folhas; **I.** Uma única partícula (400 X).

Tabela 1: Estudo microscópico do número de células estomáticas e epidérmicas em *E. latifolia* L.

Estudo microscópico do número de estomas e células epidérmicas em *E. latifolia* L.			
Número de estômagos e células epidérmicas			
Campos Microscópicos	Parte da folha apical	parte do meio da folha	Parte da folha basal
1	60 (S)	70(S)	48(S)
	52 (E)	50(E)	38(E)
2	77(S)	56(S)	62(S)
	54(E)	54(E)	49(E)
3	61(S)	68(S)	63(S)
	50(E)	59(E)	33(E)
4	66(S)	50(S)	56(S)
	69(E)	47(E)	52(E)
5	96(S)	80(S)	82(S)
	54(E)	50(E)	46(E)

S = Número de estomas por unidade de área (campo),
E = Número de células epidérmicas na mesma unidade de área/campo.

Tabela 2: Índice estomatológico e índice estomatológico (%) em *E. latifolia* L.

Índice estomatológico e índice estomatológico (%) em E. *latifolia* L.					
Índice estomatológico (SI) e índice estomatológico percentual (%)					
Campo Microscópico	Parte da folha apical		parte do meio da folha		Parte da folha basal	
	SI	SI (%)	SI	SI (%)	SI	SI (%)
1	0.54	53.57	0.58	58	0.56	56
2	0.59	58.78	0.51	51	0.56	56
3	0.55	54.95	0.54	54	0.66	66
4	0.49	49.00	0.52	52	0.52	52
5	0.64	64.00	0.62	62	0.64	64
Média	0.56	56.06	0.55	55.40	0.59	58.80
SD	0.06	6	0.05	5	0.06	6
CV (%)	0.32	0	0.21	0.21	0.35	0.35

CV= Coeficiente de variância

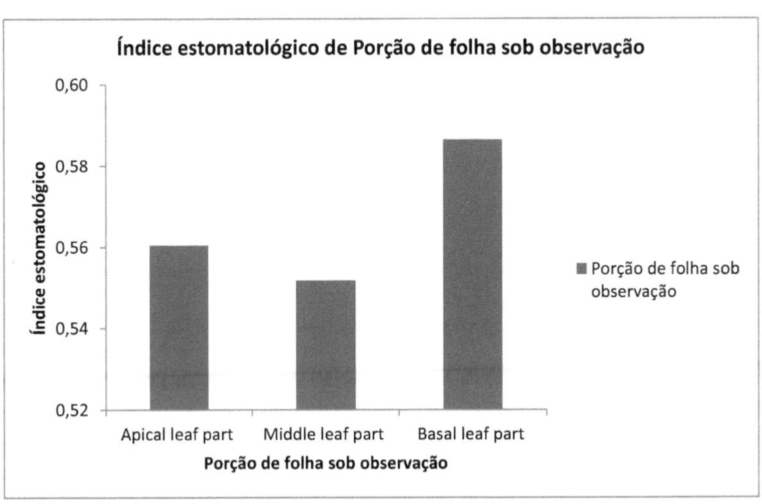

Fig. 5: Histograma que representa o índice estomacal (porção de folha) sob observação.

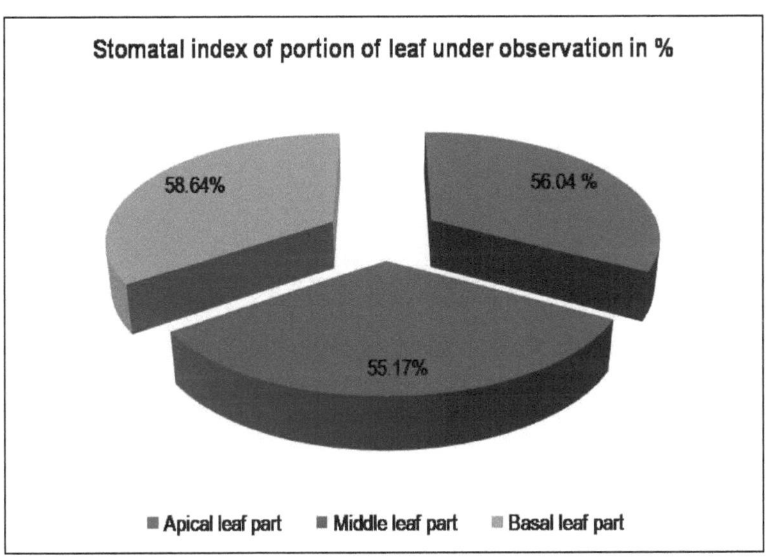

Fig. 6: Índice estomatológico de porção de folha sob observação (%).

Arquitectura das folhas

Fig. 4G revela a arquitetura das folhas das espécies de plantas-alvo. As folhas com venação reticulada que foram diferenciadas em várias classes de tamanho e ordens. As veias primárias cederam a ramos secundários que podem ser facilmente diferenciados por serem ligeiramente mais finos do que as primárias. As secundárias finalmente ramificaram-se em veias terciárias e quaternárias. Ao longo das margens das folhas, as veias formaram padrões em loop. As menores áreas do tecido foliar rodeadas por veias conhecidas como areolas são de formas e tamanhos variáveis. São imperfeitas com malhas de forma e tamanho irregulares.

4. Habitat e distribuição geográfica de *E. latifolia* L.

Elaeagnaceae é uma pequena família com três gêneros; *Elaeagnus* L., *Hippophae* L. e *Shepherdla* Nutt. Na China, é cultivada principalmente desde o vale do rio Yangtze até sua região sul, mas também é encontrada no noroeste da China. Também é distribuída na Ásia Oriental, estendendo-se ao Sul da Ásia e Queensland no Nordeste da Austrália. Algumas espécies também se encontram na América do Norte e no Sul da Europa. É um grande arbusto arbustivo lenhoso de tipo sempre-verde, com escamas ferruginosas e brilhantes, que muitas vezes são espinhosas e se movem para cima com o apoio de coisas próximas. As plantas são amplamente distribuídas desde as regiões do Norte da Ásia até aos Himalaias e diferentes partes da Europa e América do Norte (Fig. 7). Na Índia, elas crescem até uma altitude de 2300 acima do msl nos Himalaias. *E. latifolia* é encontrada em áreas tropicais no Nepal e nas montanhas da Índia e no alto norte da Tailândia. Nos estados do Nordeste da Índia, é bastante incomum em Sibsagar (vale Dikhow de Assam), Jorhat, Sibsagar, Naga (Nagaland), Khasi e Jaintia de Meghalaya até uma altitude de 1500 acima do nível médio do mar (msl). A grande maioria das espécies são nativas das regiões temperadas e subtropicais da Ásia. *E. triflora* estende-se da Ásia do sul ao nordeste da Austrália, enquanto *E. commutata* é nativa da América do Norte, e *E. philippinensis* é nativa das Filipinas. Uma das espécies asiáticas, *E. angustifolia,* também pode ser nativa no sudeste da Europa, embora possa ser uma introdução humana precoce lá. Além disso, várias espécies asiáticas de *Elaeagnus* se estabeleceram como espécies introduzidas na América do Norte, sendo algumas destas espécies consideradas invasivas, ou mesmo designadas como nocivas em porções dos Estados Unidos. Como os recursos naturais estão sendo explorados em larga escala pela raça humana, os estudos sobre conservação de plantas indígenas como *E. latifolia* L. têm excelentes perspectivas na conservação e pesquisa da biodiversidade global.

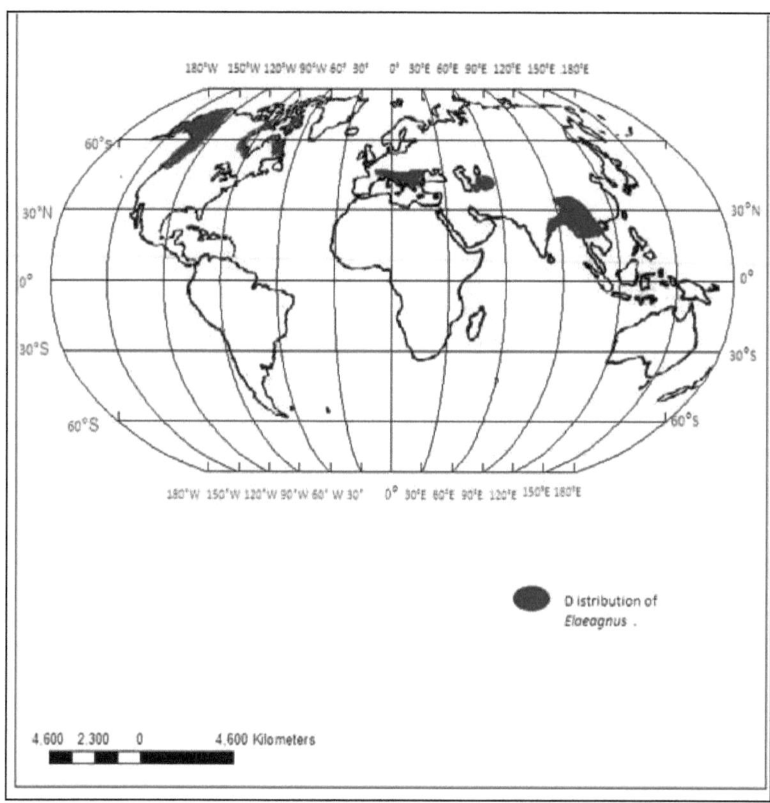

Fig. 7: Distribuição de *Elaeagnus latifolia* L.
(Fonte: modificado de www. mobotsearch.org

5. Cultivo e propagação de *E. latifolia* L.

As espécies de *Elaeagnus* são amplamente cultivadas pela sua natureza vistosa, muitas vezes variegada e folhada, tendo sido desenvolvidas numerosas cultivares e híbridos. As espécies e híbridos notáveis em cultivo incluem:-E. *angustifolia*, *E. commutata*, *E. macrophylla*, *E. multiflora*, *E. pungens*, *Elaeagnus* X *reflexa*, *ElaeagnusXsubmacrophylla* (syn. *E.* X *ebbingei*), *Elaeagnus umbellata* etc.

A partir das normas de cultivo, observou-se que a planta geralmente requer um solo bem drenado, pois permite um arejamento adequado das raízes da planta. A forma científica de desenvolvimento de drenagem também parece ser útil para uma distribuição adequada de nutrientes e proteger as plantas de diferentes pressões bióticas e abióticas. Existem vários critérios, assim como informações sobre o cultivo de *Soh-Shang* (*E. Latifolia* L.). As plantas podem ser cultivadas em solos nutricionalmente pobres em ácido. Pode ser cultivada tanto em solo seco como em solo húmido. *E. latifolia* L. pode até tolerar e crescer em solos secos e pobres em azoto devido à sua capacidade de formar simbioses de nódulos radiculares com N_2- actinomicetos fixadores conhecidos como *Frankia*. Como a espécie, *E. latifolia* L., tem mostrado relação simbiótica com bactérias fixadoras de nitrogênio, *Frankia* spp. que formam nódulos como associação simbiótica com as raízes destas plantas, esta espécie vegetal tem potencial para servir como alternativas biológicas para o desenvolvimento de um sistema agrícola sustentável, incluindo o aumento da sustentabilidade nas plantações, especialmente o chá. A adoção deste recurso genético vegetal na agricultura pode ser necessária para as atividades de restauração do solo. A introdução desta planta na capacidade de recuperação do solo inicia múltiplas consequências ecológicas benéficas no solo, já que esta planta abriga diversas categorias de microflora benéfica que poderiam ser exploradas pelo seu potencial como biofertilizantes e biopesticidas, limitando assim o uso de componentes químicos tóxicos na agricultura. Esta adoção de estratégias de inoculação de recursos microbianos em sistemas degradados de uso do solo também minimiza o risco associado aos limites máximos de resíduos (LMRs) e, portanto, credencia as chances de sustentabilidade agrícola.

Existem basicamente dois meios de propagação de *E. latifolia* L. por exemplo, a propagação de sementes e por corte ou estratificação. As sementes devem ser mostradas em viveiro dentro de uma semana após as extracções dos frutos, caso contrário as sementes perdem a sua viabilidade até 50- 60%. Normalmente, são necessários 18 meses ou mais para a sua germinação. As sementes armazenadas têm uma taxa de germinação mais lenta, geralmente demorando mais de 18 meses. Uma estratificação quente durante 4 semanas, seguida de 12 semanas de estratificação fria, é útil para uma taxa de germinação mais rápida. Para pós-germinação, são transferidas para vasos individuais assim que são suficientemente grandes para serem manuseadas e plantadas quando têm pelo menos 15 cm de altura. As estacas de madeira madura do crescimento do ano corrente, de 10-12 cm de comprimento de lápis com 3 nós de espessura, devem ser plantadas durante a estação chuvosa em viveiro ou saco de polietileno cheio de mistura de solo. O corte leva 15-20 dias para começar a brotar e estar pronto para a plantação no campo dentro de 3-4 meses após a brotação. As estacas de caule de 10-15 cm podem ser plantadas e deixadas para o enraizamento. No entanto, informa-se que leva cerca de 12-15 dias para o enraizamento. Mais tarde, as estacas enraizadas são transferidas para vasos individuais. Geralmente, o *Soh-shang* é plantado durante a estação das chuvas. Em Meghalaya, Junho-Julho é a melhor altura para plantar. As plantas são plantadas a 4 m x 4 m de espaçamento no sistema de plantio quadrado. Começa a produzir aos 2 anos após a plantação e dá a produção de cerca de 10-15 kg de frutos/árvore. Geralmente as plantas são menos afetadas por doenças ou pragas de insetos. A pulverização de biopesticidas como *Trichoderma* sp., pode ser benéfica para evitar a infestação de pragas, já que *Trichoderma* é conhecida pelo seu imenso potencial biocontrolador contra a maioria dos fitopatógenos. Entre os vários frutos subutilizados da região de N.E., a fruta *Soh-shang* tem um grande potencial devido à sua natureza robusta, produção precoce, alto rendimento e diversas utilizações de frutos maduros pela população local.

6. Conhecimento tradicional indígena (ITK) sobre *E. latifolia* L.

E. latifolia L. da família Elaeagnaceae é fruta comumente cultivada no quintal dos estados do Nordeste da Índia. Ela tem diferentes sinônimos: *"Musleri"* em Sikkim, *"Soh Shang"* nas colinas de Khasi em Meghalaya e *"Heiyai"* em Manipur. O povo de Meghalaya tem encontrado muitos usos da fruta *Soh-shang* (Fig. 8), além de apreciá-la como fruta fresca. A fruta é de forma oblonga com cor rosa escuro no momento da maturação. Os frutos são na sua maioria frutos sazonais e altamente perecíveis devido à alta disponibilidade de humidade de 87,31%. e só podem ser armazenados até 3-5 dias à temperatura ambiente. Os frutos são consumidos crus ou com sal e podem ser utilizados para fazer compota, geleia e bebida refrescante. A fruta é considerada uma fonte muito rica de vitaminas, minerais e muitos outros compostos bioativos de bioprospecção potencial. É também uma boa fonte de ácidos gordos essenciais, o que é bastante invulgar para uma fruta. A população local de Sikkim encontrou muitos usos da fruta, além de apreciá-la como fruta fresca. Eles estão preparando Chutney, geléia, geléia, bebidas RTS (Ready to Serve) ou bebidas refrescantes a partir da polpa. A fruta tem alto valor nutricional. Um relatório afirma que a fruta de *E. latifolia* L. contém proteínas (7,8%), hidratos de carbono (74,06%), fibra bruta (9,3%), cinzas (3,6%) e gordura bruta (0,52%). O valor calórico de 100 g de fruta é de 332,10 kcal. A fruta também contém minerais essenciais como cálcio (1470 mg/100g), ferro (180 mg/100g) e potássio (910 mg/100g) em quantidades elevadas. Os frutos são bastante perecíveis e podem ser armazenados apenas durante 3-5 dias à temperatura ambiente (RT). É relatado que é capaz de reduzir a incidência de câncer e também como um meio de deter ou reverter o crescimento de cânceres.

Fig. 8: *Soh-Shang* árvore (*E. latifolia* L.) mostrando A. Crescimento das plântulas; B. Produção pesada na árvore; C. *Soh-shang* semente; D. Variabilidade em *Soh-shang*. (Handique 2015; Patel et al. 2008).

As espécies *Elaeagnus* são utilizadas como plantas alimentares pelas larvas de algumas espécies de Lepidoptera incluindo *Coleophora elaeagnisella* e as traças góticas. Os arbustos espinhosos também podem fornecer bons locais de nidificação para as aves. As flores de *E. latifolia* L. são hermafroditas e são polinizadas por abelhas. A época de floração começa normalmente durante Setembro-Dezembro e os frutos de cor rosa claro são colhidos durante Março-Abril, na colheita de 3-4. As propriedades físicas e químicas dos genótipos *Soh-shang* da Meghalaya estão representadas no quadro 3-4. Os dados apresentados no quadro 3 revelaram que o peso dos frutos variou entre 6,73 e 22,94 g com um peso médio de 14,06 g. O tamanho dos frutos em termos de comprimento e diâmetro variou entre 2,44 -3,86 cm e 1,82- 3,01 cm, respectivamente. A recuperação da polpa dos frutos variou de 58,40% a

74,69%, com média de 70,24%. O peso da semente (2,05g-4,78g) e o tamanho da semente (1,12-1,55 cm) também variaram devido às variações genotípicas. Há também diferença na acidez (%) (1,96-4,03), SST (%) (8,9-11,2), pH (3,1-3,27), conteúdo de ácido ascórbico (4,8mg-9,6mg) entre os diferentes genótipos (Tabela 4). Como as frutas estão disponíveis apenas em uma determinada estação do ano, ainda existem menos estudos científicos devido a problemas de indisponibilidade. Embora os frutos desta planta endémica tenham propriedades medicinais imensas, o valor de mercado do *Soh-Shang* ainda é baixo durante a época alta, causando assim perdas económicas às populações locais (produtores de plantas). Assim, as actividades promocionais através do fórum científico precisam de ser alargadas para cultivar a planta em larga escala, para que as empresas farmacêuticas multinacionais também encontrem aspectos inovadores na exploração dos benefícios para a saúde desta planta importante do ponto de vista terapêutico, que pode fornecer dimensões inovadoras se representada adequadamente. A abordagem é necessária para equipar e encorajar economicamente os agricultores marginais através do cultivo desta espécie endêmica de N. E. Índia. Como o consumidor encontra dificuldade em obter frutos deliciosos da espécie vegetal, logo após a colheita, devido ao seu baixo período de vida útil; assim, também surge uma abordagem significativa no manejo pós-colheita desses frutos nutritivos.

Tabela 3: Propriedades físicas dos genótipos da fruta *Soh-shang* de Meghalaya (Patel et al. 2008).

Genótipos	Fruta com (g)	Compriment o da fruta (cm)	Dia dos frutos . (cm)	Recuperaçã o da polpa (%)	Sement e wt./fruta (g)	Compriment o da semente (cm)	Dia das Sementes . (cm)
RCE-1	15.17	3.41	2.51	73.43	2.80	2.84	1.25
RCE-2	22.94	3.84	3.01	68.44	4.78	3.14	1.55
RCE-3	15.29	3.34	2.52	72.44	3.87	2.87	1.42
RCE-4	6.73	2.44	1.82	58.40	2.05	2.26	1.14
RCE-5	13.51	3.35	2.40	74.69	3.14	2.86	1.28
RCE-6	10.74	3.36	2.04	74.02	2.50	2.82	1.12
Média	14.06	3.30	2.39	70.24	3.19	2.80	1.29

Tabela 4: Propriedades químicas dos genótipos da fruta *Soh-shang* de Meghalaya (Patel et al. 2008).

Genótipo	TSS(%)	Acidez(%)	pH	Ácido ascórbico (mg/100g de polpa)	TSS:índice de acidez
RCE-1	8.9	3.74	3.1	4.8	2.38
RCE-2	9.0	4.03	3.1	4.8	2.23
RCE-3	8.8	3.23	3.2	9.6	2.72
RCE-4	11.2	1.96	3.7	9.4	5.71
RCE-5	9.2	3.37	3.2	7.2	2.73
RCE-6	10.0	3.07	3.3	7.2	3.26
Média	9.52	3.23	3.27	7.17	3.17

7. Importância da conservação dos recursos genéticos vegetais

A Índia, sendo um dos países mais versáteis do mundo, em relação à sua topografia diversificada, geologia e clima é considerada como uma das regiões mega-regiões mais elitizadas do planeta, estimada em ~70 % da biodiversidade da Terra. As fronteiras geográficas da Índia se sobrepõem a 4 dos 34 hotspots de biodiversidade identificados ao redor do mundo, a saber, Himalaia, Indo-Birmânia (o Nordeste da Índia se enquadra nesta região geograficamente significativa de biodiversidade diversificada), Ghats Ocidental e Sri Lanka e Sundaland. Nayar (1996) identificou três mega-centros de endemismo e 27 centros microendêmicos na Índia (Fig. 7). Cerca de 33,5% da flora indiana é identificada como endêmica e tem distribuições restritas nos Himalaias indianos, na Índia Peninsular e nas Ilhas Andaman e Nicobar. Há relatos de 49 gêneros endêmicos; embora várias das 20.074 espécies de angiospermas sejam endêmicas na Índia. Da mesma forma, Srivastava (2006) fez uma análise das gimnospermas existentes na Índia. Ele indicou que das 101 espécies de gimnospermas relatadas dentro da Índia, sete são consideradas endêmicas.

As plantas são vitais para contribuir com a vida na terra e oferecem um componente indispensável em relação a cada ecossistema. As plantas ajudam a manter o equilíbrio do oxigénio (O_2), o gás mais importante que nos permite respirar e viver. Os animais emitem dióxido de carbono (CO_2) através da absorção de O_2. Este aumento dos $_2$níveis de CO no ar é reduzido pelas plantas. A remoção do CO_2 da atmosfera reduz o efeito estufa e o aquecimento global. Também mantém o empobrecimento da camada de ozono que ajuda a proteger a vida da Terra da radiação UV perigosa. Os seres humanos dependem direta ou indiretamente das plantas para várias ocasiões como alimentos, forragens, medicamentos, indústria, biocombustíveis, adoção de abordagens não químicas na agricultura (por exemplo, biopesticidas, biofertilizantes), etc.

No entanto, apesar da importância das plantas em todo o mundo, este recurso natural inevitável está em risco e todos os anos o número de espécies ameaçadas também aumenta drasticamente. A perda de recursos genéticos vegetais está basicamente relacionada com a destruição ou alteração dos seus habitats, distribuição restrita de uma ou poucas populações, tamanho populacional pequeno/decrescente, sobre-exploração humana para a agricultura, questões de urbanização e industrialização, poluição do ar e das águas subterrâneas e mais recentemente, devido às mudanças climáticas globais. Quanto mais espécies estiverem sob a influência destes parâmetros, maior a probabilidade de extinção das espécies. A maioria das espécies vegetais são endêmicas, portanto únicas em seu habitat e distribuição, o que pode ser considerado como uma das razões vitais para a sua ameaça de perda. Uma espécie endémica pode ser definida como uma espécie vegetal com ocorrência natural única e área geográfica específica de distribuição. As espécies endémicas são classificadas como endémicas locais (restritas a uma pequena área), endémicas provinciais (restritas aos limites de uma província), endémicas nacionais (restritas aos limites de uma nação), endémicas regionais (restritas a uma região geográfica específica) e endémicas continentais (restritas a um continente). Esta classificação é baseada no tamanho e limites da área sob existência de recursos genéticos vegetais. As espécies endémicas devem ser cuidadosamente monitorizadas e geridas, pois são únicas nas suas características e a sua conservação é considerada como prioridade global. As espécies vegetais endémicas representam reservatórios significativos de biodiversidade vegetal que requerem intervenção humana urgente para assegurar a sobrevivência a longo prazo, uma vez que vários factores naturais e antropogénicos são relatados como afectando negativamente o habitat natural e a distribuição desta flora economicamente importante.

Assim, é fundamental conservar e preservar a natureza e os recursos genéticos vegetais únicos, em particular. Os recursos fitogenéticos são parte integrante da conservação da biodiversidade que precisa ser cuidadosamente tratada, pois também abrigam interações microbianas benéficas (por exemplo, os micróbios estão em toda parte, seja na rizosfera vegetal, endosfera ou filosfera) que têm imensas aplicações na agroflorestação, medicina e indústria. A IUCN/UNEP/WWF (1980) definiu a conservação do germoplasma como a gestão e utilização de recursos da biosfera com benefícios sustentáveis para a humanidade. O objetivo da conservação, portanto, deve visar permitir o desenvolvimento sustentável através da proteção e utilização de recursos biológicos sem comprometer a riqueza de genes ou espécies. Os factores antropogénicos são considerados como largamente prejudiciais para as questões de sustentabilidade das plantas. A Convenção sobre Diversidade Biológica (CDB) é o tratado multilateral guarda-chuva sob a égide das Nações Unidas para assegurar a conservação, o uso sustentável e a partilha equitativa dos benefícios da biodiversidade em todo o mundo. A figura 9 representa um alto endemismo vegetal no subcontinente indiano.

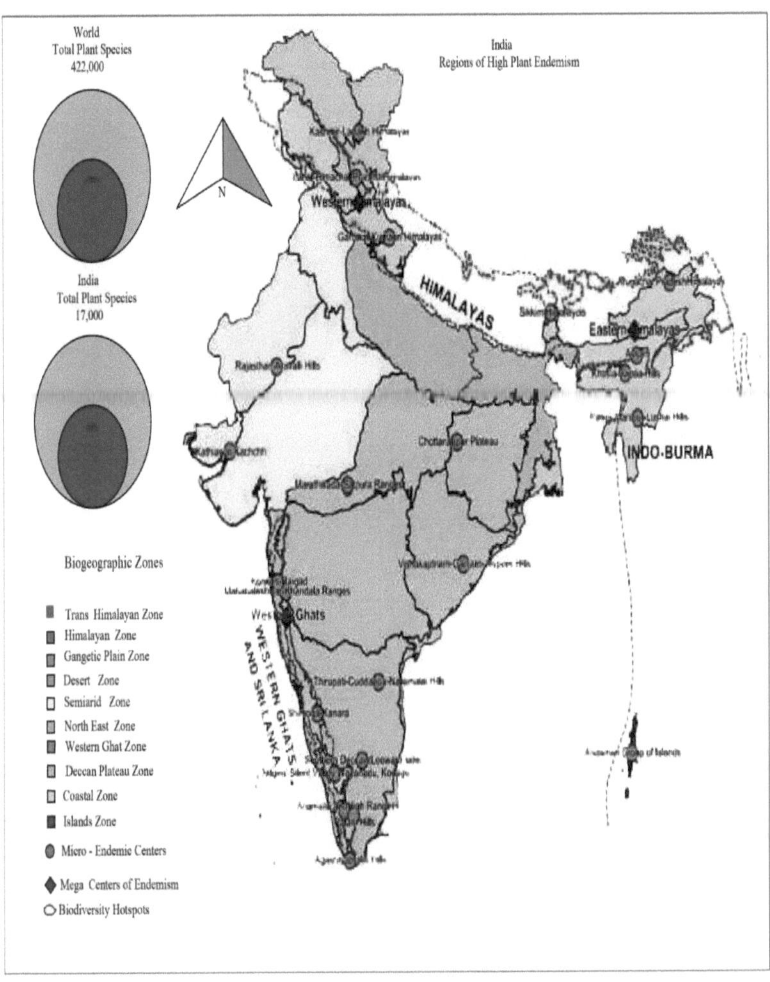

Fig. 9: Regiões de alto endemismo vegetal na Índia, mega-centros de endemismo e zonas microendêmicas, através de zonas biogeográficas da Índia. (Adaptado de Jalli et al. 2015).

A distribuição estatal da flora ameaçada de angiospermas na Índia foi descrita na Fig. 10.

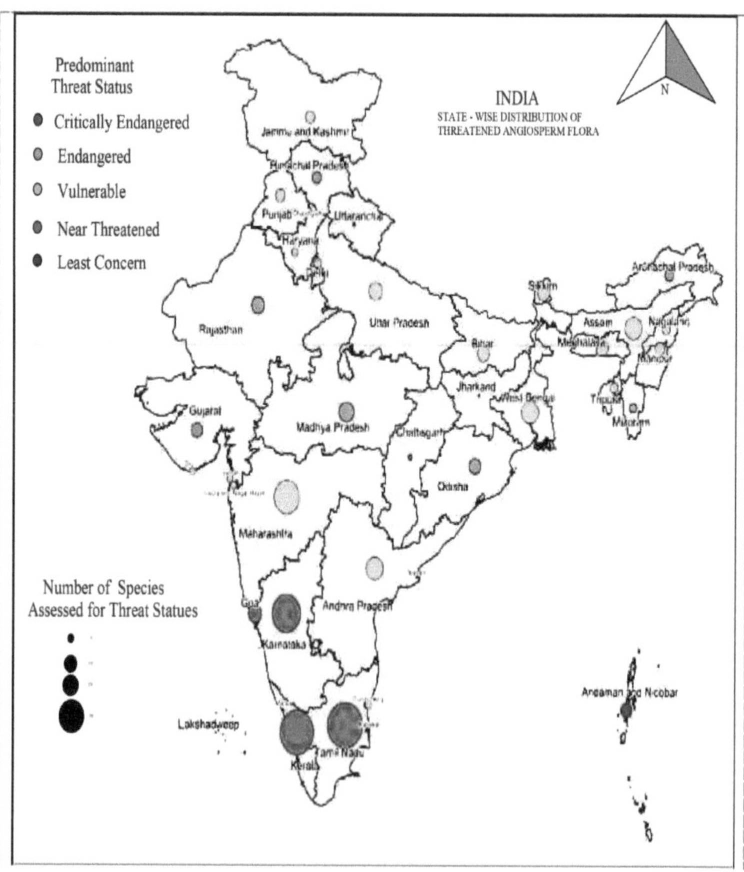

Fig. 10: Distribuição estatal da flora de angiospermas ameaçados na Índia (Lista Vermelha de Espécies Ameaçadas da IUCN, Versão 2013.2 2013) (Adaptado de Jalli et al. 2015).

8. Estratégias de conservação

As estratégias de conservação têm duas abordagens principais, como a conservação *in situ* e a conservação *ex situ*. Esta classificação é baseada unicamente no local de implementação do programa de conservação. Em certos casos, ambas as abordagens de conservação são consideradas como complementares uma à outra. Elas podem ser judiciosamente integradas e desenhadas com base nas espécies a serem conservadas e dependendo do período de conservação. Pode-se notar que o período de conservação das espécies varia de médio a longo prazo. A dinâmica de conservação, o sistema de reprodução das espécies, o estado de ameaça, a fisiologia das sementes e o comportamento de armazenamento e disponibilidade de recursos desempenham um papel significativo nas estratégias de conservação das plantas. A manutenção dos recursos genéticos de uma espécie dentro do seu habitat/ecossistema natural é o principal critério a ser considerado para a conservação *in situ*. Calamidades naturais como inundações, terremotos, vulcões, deslizamentos de terra, secas, temperaturas extremas, ciclones, etc., têm imensa influência nesta conservação dos recursos genéticos, pois são altamente suscetíveis à súbita mudança/flutuação das condições do seu habitat natural. Enquanto que a conservação *ex situ* envolve a conservação dos recursos genéticos fora do ambiente natural da espécie. Esta estratégia de conservação é utilizada para salvaguardar populações de espécies que enfrentam perigo imediato de destruição ou como uma duplicação de segurança da colecção *in situ* existente. A figura 11 representa o diagrama de linhas que mostra as principais estratégias de conservação dos recursos genéticos vegetais/espécies.

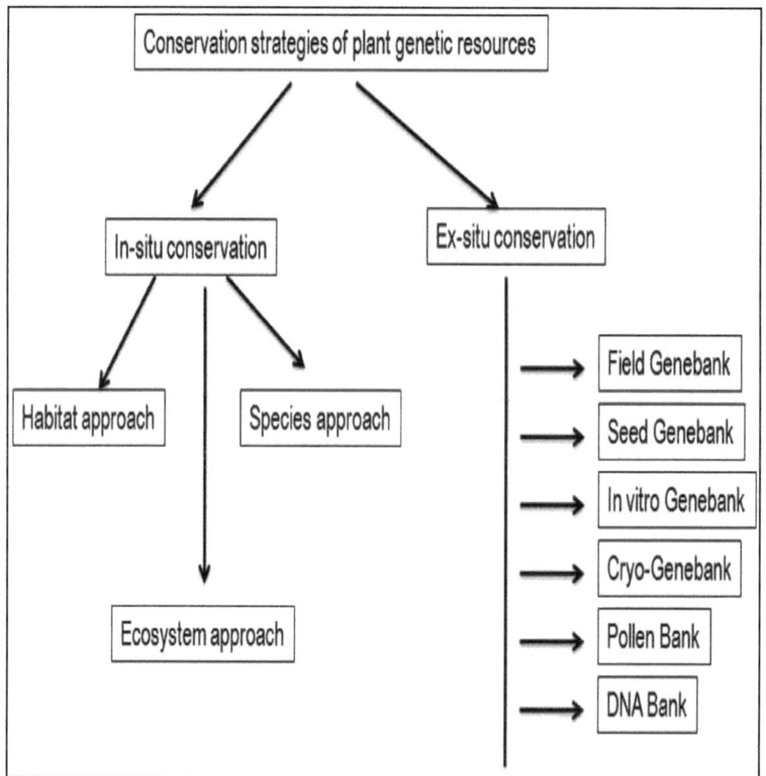

Fig. 11: Diagrama de linhas mostrando estratégias de conservação dos recursos genéticos vegetais.

A conservação de recursos genéticos vegetais utilizando ferramentas e técnicas biológicas avançadas foi descrita na Fig.12. Banco de sementes, propagação *in vitro*, criopreservação, etc., são protocolos modernos para estratégias de conservação de solos menos conservados para a preservação dos recursos genéticos vegetais utilizados, em todo o mundo.

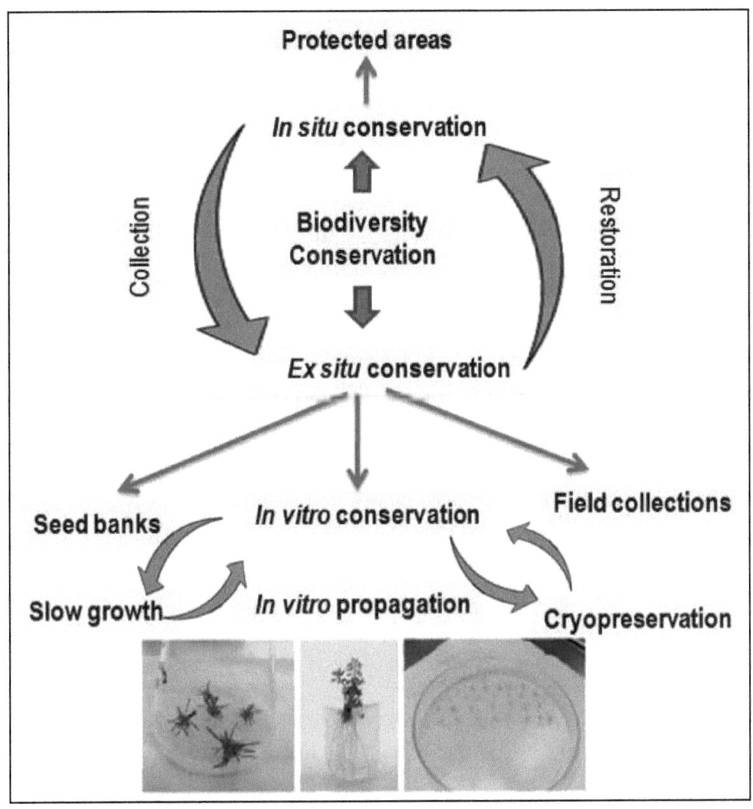

Fig. 12: Representação esquemática de estratégias de conservação de plantas com especial enfoque em ferramentas e técnicas biológicas avançadas (adaptado de Beson 1999).

8.1 *Na* Conservação do *Situ*

A conservação *in situ* é a conservação e gestão in situ dos recursos genéticos dentro dos seus ecossistemas naturais (tais como os recursos genéticos florestais) e habitats com o mínimo de intervenção humana. O uso gerenciado dos recursos naturais em áreas protegidas é a base dessa conservação. Esta abordagem é particularmente útil para proteger os taxa que são menos suscetíveis a perturbações externas. Em certos casos, esta abordagem é melhor exemplificada para os recursos genéticos/espécies com adaptações altamente especializadas. A conservação através do uso da reserva da biosfera, parques nacionais, santuários de vida selvagem, hotspots de biodiversidade geralmente se enquadra na conservação *in situ*. A conservação *in situ* dos recursos genéticos pode ser considerada como a abordagem de conservação mais conveniente e econômica, já que permite que a dinâmica evolutiva contribua sobre as populações naturais existentes, permitindo assim que estas continuem se adaptando às condições predominantes. A conservação in *situ* desempenha um papel inevitável na recuperação de espécies/populações no ambiente onde desenvolveram as suas propriedades distintivas. Para além da conservação dos recursos genéticos/espécies alvo, várias outras espécies associadas são conservadas simultaneamente no meio natural, uma vez que o objectivo desta conservação é a total protecção do habitat/ecossistema. As espécies florestais, os parentes selvagens das espécies cultivadas, as plantas medicinais e aromáticas e as espécies com vários níveis de ameaça de extinção são normalmente abrangidas pelas práticas de conservação *in situ*. Esta técnica de conservação da biodiversidade agrícola é mais bem sucedida em áreas marginais, onde as variedades comerciais não são expeditas devido a restrições climáticas ou de fertilidade do solo. De acordo com a maioria dos trabalhadores, populações selvagens únicas e ameaçadas de extinção, que têm valor presente ou potencial como recursos genéticos de culturas, devem ser conservadas in situ. Dependendo da hierarquia ecológica orientada para a conservação, as abordagens de conservação *in situ* podem ser de diferentes categorias como conservação de espécies, habitat ou ecossistemas.

8.1.1 Abordagem das Espécies

Nesta abordagem de conservação *in situ*, os esforços concentram-se exclusivamente na conservação de espécies isoladas/individuais. No entanto, como o processo conserva todo o ecossistema, portanto, juntamente com as espécies alvo, o ecossistema é conservado. As espécies individuais podem ser espécies "chave" que têm um papel crucial em determinado ecossistema e a sua perda pode levar ao colapso do mesmo. Também podem ser consideradas como 'espécies guarda-chuva', cuja proteção assegura a proteção geral de outros recursos genéticos na área protegida.

8.1.2 Abordagem Habitat

Este é um dos importantes esforços de conservação *in situ* dos recursos genéticos/espécies e populações de organismos vivos quando a conservação se concentra num estado natural no habitat onde estes ocorrem naturalmente. A manutenção da qualidade do habitat estratégico é um passo inevitável, aqui, para a conservação de múltiplas espécies. Como os habitats representam os sítios de múltiplas interações e diversos processos ecológicos, eles são conservados como um todo, proporcionando assim chances de múltiplas interações benéficas entre diferentes espécies em um habitat particular. Diversas áreas protegidas como florestas manejadas, bosques sagrados, reservas naturais, parcelas de preservação, santuários de vida selvagem e parques nacionais, estão sob o regime de conservação de recursos genéticos.

8.1.3 Abordagem do ecossistema

Esta abordagem de conservação tornou-se a base dos esforços de conservação no âmbito da CDB. A abordagem ecossistémica está focada na aplicação de metodologias científicas adequadas na compilação da organização biológica, que engloba a estrutura essencial, processos, funções e interacções entre os organismos vivos e o meio envolvente. Esta é uma estratégia de equilíbrio para a gestão integrada da terra, água e recursos vivos que promove a conservação e o uso sustentável de forma equitativa. A convenção, conservação e uso sustentável dos recursos genéticos são os três objetivos básicos da abordagem de habitat. Além de diferentes processos, funções e interações entre diferentes organismos e meio ambiente e o papel integral do ser humano na sobrevivência dos ecossistemas são especialmente reconhecidos. A abordagem ecossistémica integra todos os tipos de políticas nacionais e quadros legislativos existentes para lidar com situações complexas. A cooperação nacional e internacional para uma interacção harmoniosa entre as pessoas e o ambiente é necessária para a conclusão bem sucedida de tais programas.

8.2 Conservação *Ex Situ*

Conservação *ex situ* significa literalmente, "conservação *fora do local*" de espécies, variedades ou raças ameaçadas, de organismos vivos fora do seu habitat natural (por exemplo, removendo a parte de uma população de um habitat ameaçado e colocando-a num novo local). Os esforços para a conservação *ex situ* da diversidade genética vegetal têm sido até agora concentrados em espécies agrícolas/cultivadas, principalmente sob a forma de bancos de genes onde são armazenadas amostras para conservar os recursos genéticos das principais plantas cultivadas e seus parentes selvagens. Como esta medida de conservação se enquadra no Artigo 9 da CDB, ela ganhou um foco especial a nível global. Os jardins botânicos e zoológicos representam os métodos mais convencionais de conservação *ex-situ*. A Tabela 5 mostra diferenças salientes observadas entre a conservação *in situ* e *ex situ* dos recursos genéticos vegetais, em termos de importância e custos.

Tabela 5. Diferenças entre conservação *in situ* e *ex situ* através de juros e custos.

Conservação *in situ*		Conservação *ex situ*	
Importância	**Custos**	**Importância**	**Custos**
Os recursos genéticos são utilizado na produção	Agricultor orientado	Alguns genótipos são difíceis de conservar	Principalmente centralizada
A evolução continua	Pode baixar a fazenda produtividade	Grande porção de germoplasma diferente pode ser esperada	Regeneração de custos elevados durante um período mais longo
Provisão de ajustamentos às necessidades particulares dos agricultores	Exige terra	O germplasma pode estar disponível para um maior número de criadores	Perigo de alvo seleção pode baixar a valor de uma colecção
Perspectiva na conservação de certos germoplasmas como plantas com vegetativo reprodução	Através da selecção, genótipos-alvo podem estar perdido	Armazenamento altamente protegido pode proteger contra várias pragas e doenças	Na prática, muitos as cobranças são subfinanciadas e insuficientemente organizado e documentado.

Os métodos de conservação *ex-situ* podem ser usados eficientemente para complementar os métodos *in situ* e podem representar a única opção para a conservação de certas espécies altamente ameaçadas e raras. Abordagens de conservação como genebank de campo, genebank de sementes, genebank *in vitro*, crio-genebank, banco de pólen e banco de DNA enquadram-se em estratégias de conservação *ex situ*.

8.2.1 Genebank de campo

Muitos cultivos cultivados vegetativamente são sexualmente estéreis ou perderam ou reduziram a fertilidade, o que exclui a possibilidade de armazenamento de sementes. Uma das maneiras práticas de lidar com tais dificuldades é o estabelecimento de bancos de genes de campo e plantações. A conservação dos recursos genéticos vegetais no campo envolve a coleta de materiais genéticos dos campos/jardins dos agricultores ou mesmo de locais selvagens e sua transferência para um segundo local onde eles possam ser plantados e subseqüentemente monitorados. Os bancos de genes de campo proporcionam um acesso fácil e pronto aos recursos genéticos vegetais para fins de caracterização, avaliação e utilização. A conservação utilizando o estabelecimento de bancos de genes de campo é, no entanto, mais cara de manter, uma vez que todo o processo de conservação requer mais mão-de-obra qualificada, o máximo de insumos e mais terra do que outros métodos de conservação. Existe também o risco de desastres naturais e condições ambientais/climáticas adversas como secas, inundações ou ataques de pragas e doenças, etc. O estabelecimento de jardins botânicos, arboretas, jardins de ervas e repositórios clonais insere-se nesta categoria de conservação da biodiversidade.

8.2.2 Jardins Botânicos

Os jardins botânicos contêm amostras de plantas adequadas e identificadas com precisão como coleções vivas, incluindo coleções de arboreta, outros genebanks do campo, genebanks de sementes e material propagado *in vitro*. *Os* jardins botânicos desempenham um papel inevitável na conservação *ex situ* e na protecção de plantas endémicas e ameaçadas. Os jardins botânicos contêm mais de 4-6 milhões de coleções de plantas vivas, representando entre 80-100.000 espécies e foi estimado que mais de 12-15.000 espécies destas estão ameaçadas. A introdução de espécies vegetais no cultivo é a principal iniciativa para salvá-las da extinção, seguida de assegurar a sua sobrevivência em sítios protegidos adequados na natureza. Devido à sua importância na conservação, a União Internacional para a Conservação da Natureza e dos Recursos Naturais (UICN) tem encorajado a necessidade de desenvolver jardins botânicos num local global para a conservação *ex situ*.

8.2.3 Arboreta

Os Arboreta são espaços especiais destinados a descrever a conservação *ex situ* dos recursos genéticos vegetais. Arboreta se distingue pelo cultivo e exibe uma grande variedade de diferentes tipos de árvores e arbustos. Muitas colecções de árvores foram estabelecidas como arboreta. As Arboreta diferem dos pedaços de bosque ou plantações porque são colecções botânicas significativas com uma variedade de espécies.

8.2.4 Jardins de plantas medicinais

Um dos principais objectivos no estabelecimento de um jardim de ervas é a conservação da biodiversidade local em plantas medicinais e aromáticas. Existem mais de 71 hortas com mais de 5000 espécies de ervas na Índia. Estas são basicamente mantidas para fortalecer a conservação *ex situ* de plantas medicinais e aromáticas e proporcionar acesso a material de plantio de qualidade para utilização.

8.2.5 Repositórios Clonais

Os recursos genéticos vegetais de várias espécies fruteiras/árvores, assim como muitos ornamentais, são mantidos por propagação vegetativa. Esta abordagem é iniciada para manter a composição genética da espécie fiel ao tipo. No caso da conservação do germoplasma de frutos, geralmente a conservação é feita em tais bancos de germoplasma de campo que também são conhecidos como colecção varietal ou colecção viva. Um repositório clonal é uma instalação onde materiais clonais são conservados como colecções vivas num campo, pomar ou plantação. Aqui, os recursos genéticos vegetais são mantidos como espécimes de plantas vivas que passam por um crescimento e manutenção contínuos.

8.2.6 Genebank de sementes

O armazenamento de material genético sob a forma de sementes é uma das mais difundidas e valiosas abordagens *ex situ* para a conservação. Um grande número de espécies vegetais, particularmente as culturas agrícolas, têm sementes com comportamento ortodoxo de armazenamento de sementes que podem ser secas até um baixo teor de humidade (3-7%) e, portanto, podem ser armazenadas a uma temperatura abaixo de zero durante um longo período. Como as amostras são pequenas em tamanho e o manuseio e armazenamento de sementes secas é muito mais fácil em relação a outros materiais vegetais e como elas têm a capacidade de sobreviver por longos períodos sob condições ambientais ideais, a conservação de sementes ortodoxas é mais popular nos últimos dias e considerada o método mais barato e seguro para a conservação *ex situ*. Entretanto, o conhecimento inadequado sobre o comportamento de armazenamento de sementes é necessário para padronizar os protocolos de testes de viabilidade de sementes, enquanto que para espécies de categoria desconhecida, o comportamento de armazenamento de sementes é previsto com base em seu tamanho, família, biologia reprodutiva, dessecação e sensibilidade ao congelamento, etc. (Fig. 13). O banco de sementes tem vantagens relativas sobre outros métodos de conservação *ex situ*, como são fáceis de armazenar, necessitam de menos espaço e esforço, exigem mão-de-obra relativamente baixa e, consequentemente, têm a capacidade de manter grandes amostras a um custo economicamente viável. As sementes podem ser armazenadas sob diferentes condições de armazenamento, dependendo dos tipos de sementes e do período de tempo a ser armazenado. As sementes podem ser secas à sombra e armazenadas até 2 anos em recipientes plásticos selados, sacos de papel ou sacos de tecido de musselina à temperatura de 18-20 °C e 45% HR a curto prazo, enquanto que para armazenamento médio, as sementes podem ser secas à sombra e armazenadas até 5 anos em sacos de tecido, latas de metal e frascos de plástico a 4-10 °C e 35% HR. Enquanto para armazenamento de longo prazo, as sementes podem ser secas e armazenadas em sacos de alumínio selados a baixa temperatura de -18°C com 6-8% de umidade com base no peso fresco.

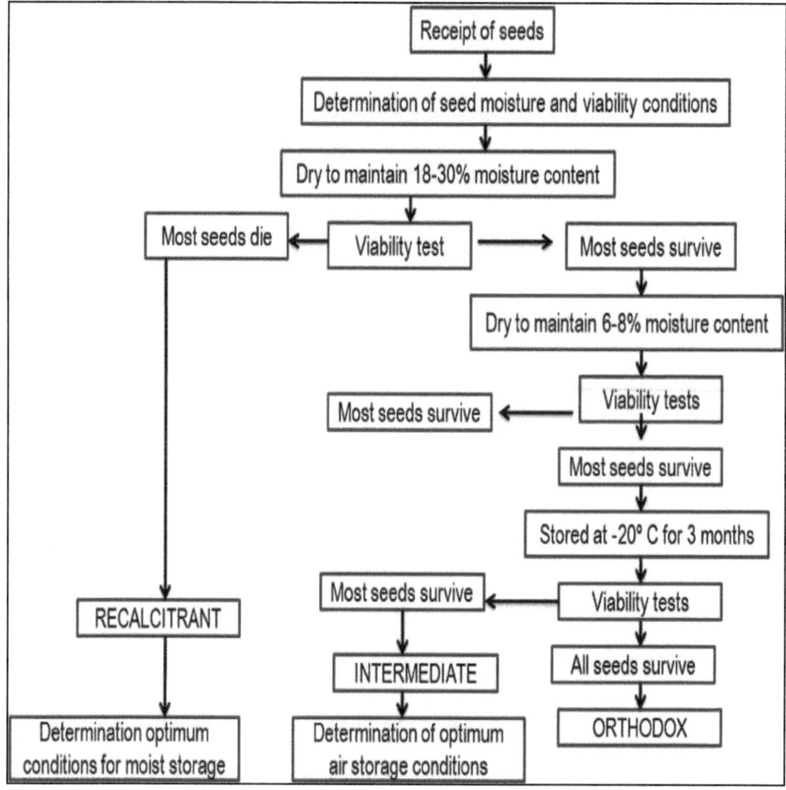

Fig. 13: Comportamento de armazenamento de sementes (Adaptado de Hong e Ellis 1996).

A técnica de armazenagem ultra-seca é um método alternativo 'low-input' ao método convencional de armazenagem a frio de sementes que permite a conservação de sementes à temperatura ambiente (RT). É considerada como uma opção útil de baixo custo onde não é necessária uma refrigeração adequada.

8.2.7 Conservação *In Vitro*

Nos últimos anos, muito interesse tem sido pago na aplicação de cultura de tecidos vegetais ou técnicas *in vitro* para conservar os recursos genéticos vegetais, devido aos problemas especiais encontrados a partir de culturas de plantas cultivadas vegetativamente e espécies de culturas com sementes recalcitrantes. O objetivo básico de tais métodos é introduzir explantes (pequenos pedaços de tecido) dessas plantas em cultura estéril de nutrientes e mantê-los em um ambiente livre de patógenos, tornando-os disponíveis para uso futuro. As culturas armazenadas estão sendo verificadas e sub-cultivadas regularmente para manter a viabilidade e o armazenamento sob condições controladas de crescimento lento ou suspenso. As técnicas *in vitro* são extremamente úteis para a conservação da biodiversidade genética das plantas, especialmente os recursos genéticos das sementes não ortodoxas, juntamente com espécies de culturas propagadas vegetativamente e espécies vegetais raras e em perigo de extinção. Exemplos populares de espécies alvo para conservação *in vitro* incluem coco, cacau, café, palma, muitas árvores tropicais juntamente com espécies vegetais propagadas vegetativamente como batata, batata-doce, cana de açúcar, maçã, etc. Técnicas de cultivo *in vitro* garantem a produção e a rápida multiplicação de material livre de doenças. A conservação *in vitro* oferece uma técnica alternativa de conservação *ex-situ* mais barata, menos demorada e com menos espaço para as espécies de sementes recalcitrantes. No entanto, as principais desvantagens são os riscos de variação somaclonal e a necessidade de desenvolver protocolos individuais de manutenção para a maioria das espécies.

8.2.8 Criopreservação

A criopreservação é o armazenamento de materiais biológicos a temperaturas extremamente baixas (-196 °C) na fase líquida de nitrogênio líquido para manter a máxima estabilidade fenotípica e genotípica. Como este método é relativamente conveniente e marginal, um grande número de genótipos e variantes poderia ser conservado para maximizar o potencial de armazenamento de material geneticamente desejável. A criopreservação permite a conservação a longo prazo de espécies criticamente ameaçadas de extinção. Edesi et al. (2020) estudaram a conservação a longo prazo de espécies criticamente ameaçadas, como *Rubus humulifolius,* utilizando esta técnica de baixa temperatura.

A técnica de criopreservação pode ser abordada por dois tipos - tradicional/clássica e nova. O resfriamento lento do sistema até uma temperatura de pré-congelamento seguido de imersão rápida em nitrogênio líquido são os passos essenciais na técnica tradicional de criopreservação. Com a redução da temperatura durante o resfriamento lento, as células e o meio externo inicialmente superfrio, seguido pela formação de gelo no meio. Os procedimentos tradicionais de congelamento incluem pré-congelamento das amostras, crioproteção, resfriamento lento até uma determinada temperatura de pré-congelamento e imersão rápida das amostras em nitrogênio líquido, armazenamento, descongelamento rápido e recuperação, enquanto o protocolo avançado envolve procedimentos baseados em vitrificação. A desidratação celular é realizada antes do congelamento, expondo as amostras a meios crioprotetores concentrados e/ou dessecação do ar seguida de resfriamento rápido.

Procedimentos baseados na vitrificação como encapsulamento-desidratação, vitrificação, encapsulamento-vitrificação, desidratação, pré-crescimento, pré-crescimento e desidratação e vitrificação-gotas, etc., estão normalmente envolvidos em protocolos avançados de criopreservação. Este processo parece ser vantajoso enquanto preserva as sementes/embriões de espécies endêmicas e ameaçadas, utilizando diferentes explantes. Deve-se notar que meristemas apicais e axilares e embriões somáticos que têm alto potencial de estabilidade genética são normalmente selecionados para o armazenamento e preservação de criopreservação.

8.2.9 Bancos de pólen

Os bancos de pólen são eficientes e econômicos em comparação com a manutenção de coleções de campo ao vivo. O armazenamento de grãos de pólen é possível em condições adequadas, permitindo a sua posterior utilização para o cruzamento com material vegetal vivo. Segundo a maioria dos trabalhadores, o armazenamento de pólen serve como uma tecnologia emergente para a conservação genética. O pólen pode ser facilmente coletado e criopreservado em nitrogênio líquido após a secagem a teores de água abaixo de 20% do peso fresco. Isto é feito para evitar a formação de cristais de gelo. Uma vez que o pólen é haplóide (n) na natureza, seria necessário utilizá-lo para o cruzamento com material vegetal vivo para regenerar as plantas haplóides. Além disso, a troca de germoplasma através do pólen coloca menos problemas de quarentena em comparação com as sementes ou outros propágulos vegetais.

8.2.10 Bancos de ADN

O armazenamento de germoplasma através do estabelecimento de bibliotecas de DNA é agora uma realidade, pois estas técnicas são simples, eficientes e requerem menos amostras com espaço limitado. Existem várias iniciativas para estabelecer bibliotecas ou bancos de DNA, mas estas tendem a focar em espécies em vez de cobertura genética dentro das espécies. O DNA do núcleo, mitocôndrias e cloroplastos pode ser rotineiramente extraído e imobilizado nas folhas de nitrocelulose, onde pode ser sondado com numerosos genes clonados. O DNA pode ser armazenado em boas condições dentro de tecidos que estão profundamente congelados ou podem ser extraídos e depois armazenados por longos períodos de tempo. O programa de DNA-banknet representa uma das vantagens do programa de tecnologia de banco de DNA para a potencial extinção do DNA de espécies vegetais endêmicas. Esses bancos de DNA para espécies endêmicas e ameaçadas foram estabelecidos em Kew botanical gardens, no Reino Unido e no Missouri botanical garden, nos EUA. Na Índia, NBPGR, Nova Delhi iniciou um banco de DNA para a conservação dos recursos genômicos da Índia.

O agricultor torna-se um dos modelos potenciais para a criação e manutenção da diversidade vegetal. Além do aspecto cultural, sua necessidade do momento de modificar e integrar as possibilidades dos diversos protocolos e modelos de conservação para melhores estratégias de conservação, geração de renda e emprego. Diferentes modelos de conservação e utilização da biodiversidade, como linear, triangular e circular, foram desenvolvidos e implementados com base na utilização econômica. A estabilidade do material conservado, a disponibilidade do material é um parâmetro importante que precisa ser estudado para o sucesso da conservação. Também aparecem limitações na conservação dos recursos genéticos vegetais utilizando jardins botânicos (conservação *ex-situ*), pois devido ao espaço limitado o número de acessos de cada espécie é pequeno e, portanto, não pode refletir a diversidade genética encontrada dentro da espécie original. Em certos casos, existem também questões relacionadas com uma forte pressão financeira para manter espécies que podem ser conservadas com relativa facilidade em um jardim botânico. Uma amostragem inicial pobre resulta numa conservação inadequada.

As perspectivas e os desafios futuros para a conservação dos recursos fitogenéticos envolvem uma consciência científica, técnica, sócio-económica, jurídica e política, incluindo a consciência pública. A explosão demográfica nos países em desenvolvimento está se tornando uma ameaça potencial na destruição do habitat, bem como na conservação da biodiversidade, já que o problema relacionado ao aumento da população cria limitações na disponibilidade de espaço. As ferramentas e técnicas biológicas modernas podem ter um enorme potencial na concepção de novas estratégias de conservação que devem ser modificadas em conformidade para se adaptarem às tendências em mudança. É necessário um esforço coordenado de pesquisadores, laboratórios de pesquisa, universidades e instituições educacionais, incluindo as ONGs e comunidades locais e internacionais, para iniciar, adotar e implementar programas e políticas de conservação novos e dinâmicos para o desenvolvimento da sustentabilidade. Existe um potencial de maior colaboração entre os cultivadores de plantas, biólogos conservacionistas, cultivadores de plantas e a comunidade de pesquisa biológica em diferentes escalas que se estendem de moléculas a paisagens dentro de uma estrutura de biologia quantitativa (Fig. 14). As oportunidades emergentes de I & D relacionadas com a diversidade genética, genotipagem, fenotipagem, desenho e pesquisa populacional, edição de genomas, engenharia genética, desenvolvimento de bases de dados, sequenciamento, bioinformática seguida de uma abordagem coordenada de estatística, tecnologia de simulação, climatologia, agronomia e serviços relacionados com o planeamento do desenvolvimento, juntamente com uma infra-estrutura saudável e uma boa governação, são factores chave para o desenvolvimento de modelos de melhoramento dos recursos genéticos vegetais para produzir germoplasma de elite e novos produtos no futuro.

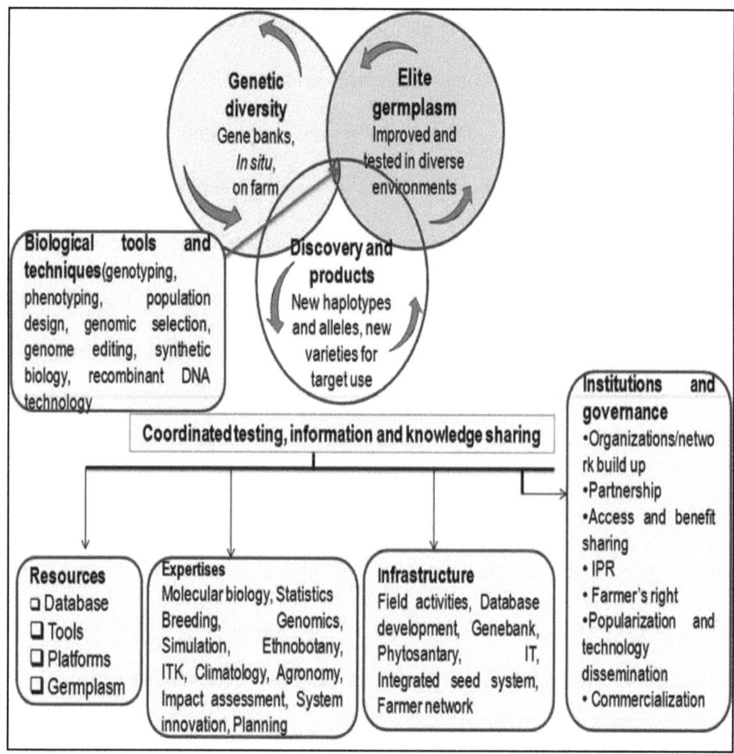

Fig. 14: Representação esquemática de um modelo de melhoramento dos recursos genéticos vegetais para produzir germoplasma de elite e novos produtos.

9. Técnicas moleculares na avaliação da diversidade genética de *Elaeagnus* sp.

Muito poucos estudos foram feitos sobre a variabilidade genómica do género; *Elaegnus* sp. Avaliação da diversidade genética em *Elaeagnus Latifolia* L. por marcadores de repetição de sequência inter-simples (ISSR) foi abordada anteriormente. A extracção de ADN, amplificação de PCR seguida de análise de dados e construção de filogenia, etc., são os passos vitais para os estudos moleculares. Os marcadores ISSR são uma técnica relativamente nova de marcadores moleculares, baseada na amplificação de um único primer contendo uma sequência de "núcleo" de microssatélite ancorado no final de 3' ou 5' por um conjunto de 2-4 resíduos de purina ou pirimidina. Esta técnica é mais específica, oferece um alto grau de reprodutibilidade e um rico nível de polimorfismo num procedimento relativamente simples e de baixo custo, superando as críticas comuns contra o uso de DNA polimórfico amplificado aleatoriamente (RAPD). O uso de repetições de sequência inter-simples (ISSRs) é uma abordagem de impressões digitais genéticas derivadas de microssatélites baseada na amplificação de segmentos de DNA que ocorrem no genoma. Eles são vantajosos porque nenhuma informação genómica prévia é necessária para o seu uso. O método é semelhante aos RAPDs uma vez que ambos não requerem conhecimento prévio do genoma, clonagem ou desenho específico do primer. Ele tem maior reprodutibilidade do que os RAPDs devido à alta temperatura de recozimento, e o custo das análises é menor do que o custo dos polimorfismos de comprimento de fragmento amplificado (AFLPs). O ISSR-PCR utiliza um único primer composto por uma sequência simples de di- ou trinucleotídeos repetida com ou sem uma sequência de ancoragem de 1-3 nucleotídeos 5'- ou 3'-. Actualmente, a técnica do marcador ISSR demonstrou ser eficaz para a recolha de impressões digitais de ADN, análise da diversidade genética e avaliação do germoplasma. Assim, tem sido amplamente utilizada na avaliação da diversidade genética, identidade clonal e identificação de cultivar e a amplificação da ISSR é um método baseado na PCR que pode diferenciar rapidamente indivíduos estreitamente relacionados. Os marcadores ISSR têm sido utilizados na análise da diversidade genética e identificação de cultivar em numerosas espécies de plantas, como *Hippophae* L., *Camellia sinensis*, *Jathopha* e espécies *relacionadas com Jatropha, Olea europaea, Citrus* spp., *Citrus indica, Vanilla* species, *Dendrobium* species, *Sorghum bicolour* ssp. *bicolor* e *Punica granatum*. Yingthongchai et al., (2014) aplicaram marcadores ISSR para avaliar a diversidade genética e a relação genética entre 88 adesões de *E. latifolia* distribuídas no norte superior da Tailândia. Eles coletaram 88 adesões de *E. latifolia*, de oito províncias do alto norte da Tailândia, para análise da ISSR. Duas a três folhas jovens foram removidas de cada árvore e armazenadas a -20ºC até à sua utilização. O procedimento da análise da ISSR pode ser o seguinte:

9.1 *Extracção de ADN*

O DNA genômico total pode ser extraído de aproximadamente 100 mg de folhas jovens usando o kit de extração de DNA e o protocolo é seguido de acordo com as instruções do fabricante. A quantidade e qualidade do DNA genômico total isolado é avaliada em relação às concentrações conhecidas usando eletroforese em gel de agarose 0,8% em tampão 0,5X TBE para mobilidade com padrão de massa molecular de precisão de carga EZ (Bio-Rad) e diluída até concentração uniforme (10 ng/μl) para análise ISSR.

9.2 *Amplificação de ADN*

Podem ser utilizados iniciadores ISSR que produzem bandas claras e inequívocas para realizar as amplificações da PCR. As amplificações PCR podem ser realizadas num termociclador mantendo protocolos de amplificação padrão. Os produtos de amplificação são electroforados usando protocolos padrão. Após a electroforese, o gel é corado em brometo de etídio (EtBr) (0.5µg/ml) e os padrões são fotografados usando um sistema de documentação de gel.

9.3 *Análise de dados*

As bandas de DNA observadas no gel são avaliadas com base na presença ou ausência de fragmentos polimórficos para cada primer. Apenas dados de bandas intensamente coradas, inequívocas e claramente visíveis são utilizados para análise estatística. A análise de agrupamento e a construção da filogenia são necessárias para encontrar a relação entre os taxa. Os coeficientes de distância são usados para construir dendrogramas usando a bioinformática.

A técnica da ISSR é altamente eficiente e pode ser reproduzível. O método da ISSR é suficientemente informativo e poderoso para estimar a diversidade genética em *Murraya koenigii*. O Primer UBC-807, UBC-812 e UBC-827 são os mais discriminatórios na avaliação da diversidade genética entre as adesões de *E. latifolia.* Outro estudo envolvendo marcadores ISSR é registrado na oliveira russa por Asadian et al., 2012. Eles avaliaram a diversidade genética em *E. angustifolia* com base nos marcadores da ISSR. No estudo, os marcadores da ISSR foram usados para estabelecer o nível de relações genéticas e polimorfismo em nove genótipos de *E. angustifolia* recolhidos em nove regiões diferentes da província do Azarbaijão Ocidental. A análise da ISSR com 11 primers ancorados gerou 116 loci pontuáveis, dos quais 92 eram polimórficos (79,3%). O coeficiente de semelhança de Jaccard variou de 0,44 a 0,76 para os marcadores do ISSR. De acordo com os resultados, existe uma distância genética relativamente alta entre os genótipos de *E. angustifolia* na província do Azarbaijão Ocidental do Irão. Além disso, poder-se-ia inferir que os marcadores ISSR são ferramentas adequadas para a avaliação da diversidade genética e das relações dentro do gênero *Elaeagnus*. Os plastomos, que são herdados maternalmente e apresentam uma taxa de evolução moderada, desempenham um papel crucial na reconstrução filogenética e na atribuição de espécies vegetais. No entanto, pouco se sabe sobre a divergência de sequência e padrões evolutivos moleculares dos genomas plastídeos em *E. mollis*, uma planta de grandes valores económicos, medicinais, comestíveis e ecológicos. Eles relataram que o genoma plastídeo de *E. mollis* tem 152, 224-bp de comprimento e 47 seqüências de repetição, incluindo tandem (17), dispersos (12), e palíndromos (18) tipos de variações de repetição. Eles encontraram ainda seis pontos de divergência (atpH-atpI, petN-psbM, trnT-psbD, trnP-psaJ, rpl32-trnL e ycf1) que poderiam potencialmente ser usados como marcadores genéticos moleculares para genética populacional e estudos filogenéticos de *E. mollis*. Uma comparação dos genomas plastídeos na ordem de Rosales mostrou que o gene trnH foi duplicado apenas em Elaeagnaceae; portanto, é um importante marcador em Elaeagnaceae. Análises filogenéticas baseadas em seqüências de genomas plastídeos inteiros em 33 espécies revelaram que Rosales está dividido em dois clades fortemente apoiados e que as famílias Elaeagnaceae e Barbeyaceae estão intimamente relacionadas.

Mao et al., (2019) fizeram a análise do genoma e a montagem assistida por HI-c de *E. angustifolia* L, outra espécie de *Elaeagnus*. *E. angustifolia* L. é uma árvore caducifólia da família *Elaeagnaceae*. É amplamente utilizada no estudo da tolerância ao stress abiótico nas plantas e para a melhoria das terras afectadas pela desertificação devido às suas características de resistência à seca, tolerância ao sal, resistência ao frio, resistência ao vento e outras adaptações ambientais. Eles relataram a sequência completa do genoma usando a plataforma Pacific Biosciences (PacBio) e a montagem assistida Hi-C de *E. angustifolia*. Foi obtido um total de 44,27 Gb de leituras em bruto do PacBio após a filtragem de dados de baixa qualidade, com comprimento médio de 8,64 Kb. A sequência genómica de 510,71 Mb foi mapeada para o cromossoma, representando 96,94% do comprimento total da sequência e o número correspondente de sequências foi de 269, representando 45,83% do número total de sequências. O estudo da sequência do genoma de *E. angustifolia* pode ser uma fonte valiosa para a análise comparativa do genoma dos membros da família *Elaeagnaceae* e pode ajudar a compreender os mecanismos de resposta evolutiva dos *Elaeagnaceae* à seca, sal, frio e resistência ao vento, fornecendo assim um apoio teórico eficaz para a melhoria das terras afectadas pela desertificação.

A Elaeagnaceae, que abriga actinomicetos fixadores de azoto, é uma família de plantas dos Rosales e irmã de Rhamnaceae, Barbeyaceae e Dirachmaceae. Estudos do genoma cloroplástico fornecem informação filogenética valiosa de *E. macrophylla* e compararam-na com a de Rosales, como a junção IR e o gene infA. O genoma cloroplástico de *E. macrophylla* tem 152.224 bp de comprimento e o gene infA de *E. macrophylla* era pseudo-genação. A disponibilidade dos genomas *Elaeagnus* cp fornece informações valiosas descrevendo a relação de Elaeagnaceae, Barbeyaceae e Dirachmaceae, junção IV que será valiosa para futuros estudos sistemáticos.

Liu et al., (2019) estudaram o genoma cloroplástico completo de *E. conferta*. O material de DNA foi isolado de folhas maduras de uma planta *E. conferta* Roxb cultivada no jardim do Instituto Yunnan de Cultivos Tropicais (YITC), Jinghong, China, usando o DNeasy Plant Mini

Kit (QIAGEN, Alemanha). Após a extração do DNA, foi construída uma biblioteca com o tamanho de inserção de 400 bp e foi realizada uma sequenciação de DNA de alto rendimento (par-end 150 bp) em uma plataforma Illumina Hiseq 2500. Usando uma sequência parcial do gene rbcL *E. conferta* Roxb (Y15139.1) como sequência de sementes, o genoma cloroplástico foi montado a partir dos dados da illumina usando o programa NOVOPlasty. A seqüência do genoma cloroplástico montado foi então anotada usando DOGMA e corrigida manualmente. A sequência completa do genoma cloroplástico de *E. conferta* Roxb (acesso GenBank MK404307) foi 151.751 bp de comprimento com uma grande região de cópia única (LSC) de 82.533 bp, uma pequena região de cópia única (SSC) de 18.024 bp, e duas regiões de repetição invertida (IR) de 25.597 bp cada. Foram previstos 130 genes, consistindo de 88 genes codificadores de proteínas, 34 genes de tRNA e 8 genes de rRNA.

10. Conservação da diversidade microbiana para *E. latifolia* L.

10.1 Importância das interações planta-micróbica

10.1.1 A rizosfera: Intensas interações planta-micróbica

A diversidade microbiana do solo é extremamente complexa. Existem aproximadamente mais de 2,6 x 10 [29] procariotas que inibem no solo e desempenham um papel vital na nutrição do solo. Entretanto, apenas uma pequena fração da diversidade microbiana é conhecida até a data (menos de 10% da diversidade microbiana total), da qual uma pequena fração foi examinada quanto ao seu perfil metabólico, propriedades antagônicas, benefícios na agricultura, silvicultura, medicina, bem como outras aplicações vitais. A análise molecular estimou mais de 4.000 espécies microbianas/g de solo. O genoma coletivo desta comunidade microbiana é muito maior do que o da planta. A química do solo, pH, disponibilidade de nutrientes, resíduos de pesticidas no solo tem influência direta na mudança da diversidade e dinâmica populacional dos números e funções da população microbiana do solo na rizosfera. Relatórios recentes sugerem a importância de populações microbianas degradantes de pesticidas na biorremediação de materiais/contaminantes perigosos, incluindo a biorremediação de produtos farmacêuticos e de cuidados pessoais citostáticos (CPCPs).

A rizosfera é a zona do solo com intensas interacções planta-micróbicas. É a zona estreita de solo que envolve a raiz da planta. É uma zona de intensa actividade biológica e química influenciada por compostos exsudados pelas raízes das plantas e microrganismos como bactérias, actinomicetos, fungos, bolores de limo, algas, vírus, etc. A rizosfera inclui a zona do solo sob influência directa das raízes das plantas, estendendo-se muitas vezes alguns milímetros (mm) da superfície da raiz. A zona da rizosfera é muito mais rica em contribuir com maiores populações de microbiota benéfica do que o solo a granel circundante. À medida que as raízes das plantas crescem, elas eventualmente liberam compostos solúveis em água, tais como aminoácidos, açúcares e ácidos orgânicos que fornecem alimentos para os microorganismos em crescimento. Os microorganismos são capazes de solubilizar/mobilizar nutrientes inorgânicos à sua forma orgânica, que é utilizada pela planta em crescimento. Os microrganismos da rizosfera são capazes de produzir vitaminas, antibióticos, reguladores do crescimento das plantas e moléculas de sinal que podem influenciar significativamente o crescimento das plantas. As secreções microbianas ao redor da rizosfera também são úteis na combinação das partículas do solo em agregados estáveis para reter a umidade do solo e melhorar as propriedades do solo, como a capacidade de retenção de água do solo.

As interacções microbianas na rizosfera podem ser prejudiciais que podem invadir ou matar as raízes das plantas ou benéficas que directa ou indirectamente promovem o crescimento das plantas. Podem ser saprófitas que vivem sobre resíduos mortos de corpos de plantas ou neutras, não causando qualquer efeito visível no arbusto ou na copa das plantas. Com base nas interacções globais na rizosfera, pode ser considerado como um ambiente ecológico versátil e dinâmico de intensas interacções plantas-micróbicas. Por outro lado, a formação de micorrizas, formação de nódulos ou produções de compostos antimicrobianos, etc., são consideradas como interacções microbianas benéficas na rizosfera. A melhoria da via de aquisição de nutrientes, a produção de reguladores de crescimento das plantas, a melhoria das condições do solo na rizosfera, alterações das propriedades fisiológicas e bioquímicas do hospedeiro e a defesa das raízes das plantas contra os patógenos transmitidos pelo solo através de mecanismos de transdução de sinais, etc., são as possíveis atividades geralmente realizadas pelas simbioses micorrízicas para a promoção do crescimento das plantas.

Com a formação de nódulos nas raízes das plantas, certos microorganismos são capazes de fixar o nitrogênio atmosférico simbioticamente. Virgil registrou o estabelecimento de leguminosas nas terras cultivadas e demonstrou os efeitos benéficos das leguminosas no aumento da fertilidade do solo. Os antibióticos são os principais produtos microbianos resultantes das atividades de triagem antimicrobiana, sem a aplicação dos quais a maioria das infecções microbianas seriam fatais. Os actinomicetos do solo são uma importante fonte de diversos metabólitos antimicrobianos. Há relatos de isolamento e triagem de actinobactérias antagonistas da rizosfera de *Araucaria angustifolia* para a produção de metabólitos ativos. Os metabólitos, especialmente o ácido indoleacético (IAA) e a quitinase são registrados como responsáveis pela degradação de diferentes compostos orgânicos complexos e relativamente recalcitrantes presentes no solo. A associação microbiana com as plantas tem resultado em enormes conquistas na indução de resistência sistêmica a doenças. A colonização microbiana na rizosfera é assim, considerada como um passo crucial na aplicação de microrganismos para fins benéficos (Fig. 15), tais como biofertilização, fitoestimulação, biocontrole, lixiviação e mineralização microbiana, co-metabolismo, fitorremediação, recuperação de terras degradadas utilizando bio surfactantes e formação de biofilme microbiano, etc., embora a colonização da rizosfera por micróbios não seja um processo uniforme.

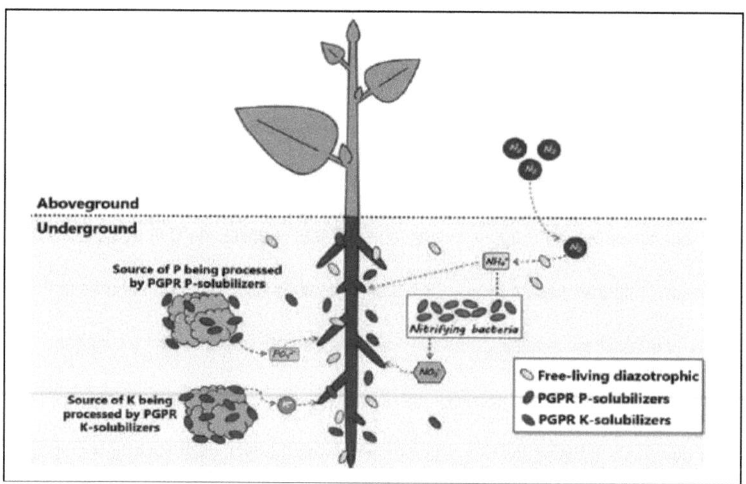

Fig. 15: Interações microbianas acima e abaixo do nível do solo das raízes/rizosfera das plantas.

10.1.2 Simbioses e interações planta-micróbicas: infecção e formação de nódulos

A simbiose é uma interação ecológica na qual duas ou mais espécies vivem em estreita associação uma com a outra. Na endosimbiose, um organismo vive realmente dentro dos tecidos de outro organismo. Há também simbiose mutualista onde os dois parceiros vivem em estreita associação um com o outro e obtêm benefícios. Estudos sobre simbioses e seus mecanismos entre as plantas superiores e bactérias ou fungos são importantes e essenciais para um melhor crescimento e desenvolvimento das plantas. Um grande número de microssimbiontes foram identificados e são conhecidos por desempenharem um papel importante no crescimento e desenvolvimento de espécies vegetais como as leguminosas-Rhizobium, *Ensifer, Mesorhizobium, Azorhizobium* e *Bradyrhizobium, Burkholderia-Mimosa,* VAM- raízes em plantas superiores, *Frankia- Alnus, Elaeagnus, Hippophae, Purshia* e *Shepherdia.* Ectomycorrhiza- raízes de espécies de plantas superiores pertencentes

78

principalmente a Pinaceae, Betulaceae, Salicaceae, Myrtaceae, Casuarinaceae, algumas Caesalpinaceae e Dipterocarpaceae.

Virgil registrou o estabelecimento de leguminosas nas terras cultivadas e demonstrou os efeitos benéficos das leguminosas no aumento da fertilidade do solo. Há relatos sobre a colonização das raízes da rizosfera em gramíneas e leguminosas e sugeriu a capacidade das bactérias do solo de converter o N atmosférico$_2$ em formas utilizáveis pelas plantas, como amônia e óxidos de nitrogênio. O termo '*rizobactérias*' foi introduzido por Kloepper e Schroth (1978) para a comunidade bacteriana do solo que competitivamente colonizava as raízes das plantas e estimulava o crescimento, reduzindo assim a incidência de doenças das plantas e mais tarde eles chamaram estas rizobactérias benéficas como rhizobactérias promotoras do crescimento das plantas (PGPR). PGPR pode ser definida como a parte indispensável da biota rizosférica que, quando cultivada em associação com as plantas hospedeiras, pode estimular o crescimento do hospedeiro. PGPR pode ser de diferentes tipos como micróbios solubilizantes de fosfato (PSMs), micróbios fixadores de nitrogênio (NFMs), actinomicetos, fungos micorrízicos arbusculares (AMF), biofertilizantes microbianos mobilizantes de potássio (PMMs), etc. (Fig. 16). Os micróbios podem agir individualmente ou em consórcio microbiano no solo e, portanto, desempenham um papel vital na melhoria da estrutura e fertilidade do solo, bem como parâmetros relacionados com o rendimento das culturas, como biomassa vegetal, crescimento e viabilidade das raízes/raizes, perímetro do caule, rendimento das culturas, crescimento e desenvolvimento de plantas de qualidade.

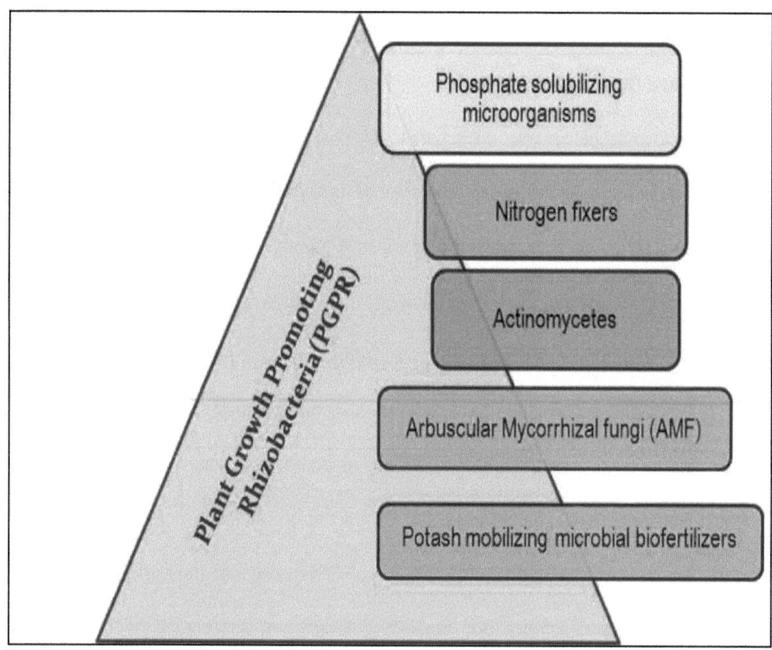

Fig 16: Diferentes categorias de PGPR que influenciam direta ou indiretamente a melhoria da fertilidade do solo e a produção de cultivos de qualidade.

De acordo com a maioria dos trabalhadores existem três categorias básicas de interacções (neutras, negativas ou positivas) entre as *rizobactérias* e as plantas em crescimento e, portanto, os PGPR são classificados em crescimento extracelular de plantas que promovem as rizobactérias (ePGPR) e crescimento intracelular de plantas que promovem as rizobactérias (iPGPR). As ePGPR podem existir na rizosfera, no plano rizóreo ou nos espaços entre as células do córtex radicular. Os gêneros bacterianos como, por exemplo, *Agrobacterium, Arthrobacter, Azotobacter, Azospirillum, Bacillus, Burkholderia, Caulobacter, Chromobacterium, Erwinia, Flavobacterium, Micrococcous, Pseudomonas* e *Serratia* pertencem ao ePGPR. Por outro lado, os iPGPR estão geralmente localizados dentro das estruturas nodulares especializadas das células radiculares, como as espécies endófitas e

Frankia, que podem fixar simbioticamente o N atmosférico $_2$com as plantas superiores. Cepas de Actinomycetes como *Micromonospora* sp., *Streptomyces* spp., *Streptosporangium* sp., *Thermobifida* sp. são registradas como as melhores para colonizar a rizosfera da planta, mostrando um imenso potencial como agente biocontrolador contra uma gama de fungos patogênicos radiculares. A figura 17 representa mecanismos gerais de ação das espécies de PGPR (*Bacillus subtilis* como modelo) na promoção do crescimento das plantas e no controle de doenças.

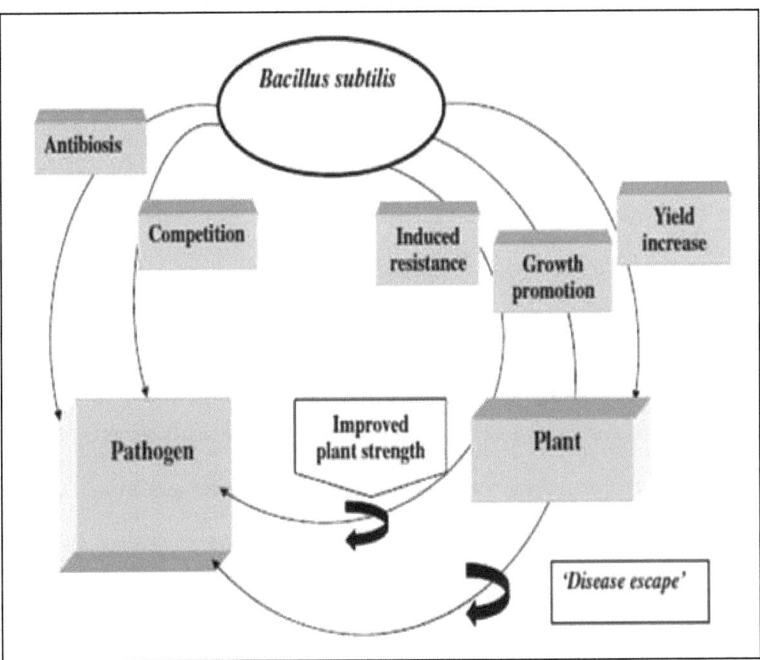

Fig. 17: Mecanismos de ação de *B. subtilis* na promoção do crescimento das plantas e no controle de doenças.

10.1.3 Significado das associações *Frankia-* actinorrhizal: Benefícios no crescimento e desenvolvimento das plantas

Entre as diferentes interacções plantas-microbianas, a interacção *Frankia-Actinorhizal* é considerada única e bastante intrigante devido às semelhanças e diferenças destas interacções simbióticas com a do sistema *Rhizobium-legume*. Ao contrário da simbiose *Rhizobium-legume*, em que as plantas hospedeiras, com poucas exceções, pertencem a uma única grande família, as plantas actinorhizal estão distribuídas por oito famílias e sete ordens de angiospermas. As plantas actinorhizais são plantas não leguminosas, capazes de formar nódulos radiculares como resultado da infecção por *Frankia* sp. A primeira descrição de uma actinorhiza foi feita por Meyen (1829), que descobriu grandes nódulos em raízes de amieiro (*Alnus glutinosa*). Desde então, simbioses actinorrízicas têm sido relatadas em numerosas plantas em todo o mundo, excepto na Antártida. A maioria do gênero, por exemplo, *Alnus* (*Betulaceae*), Myrica (*Myricaceae*), *Purshia* (*Rosaceae*), são indígenas de regiões temperadas. Os membros da *Frankia* sp., são bactérias gram-positivas que nodulam várias famílias de plantas representando mais de 40 gêneros de angiospérmicas lenhosas, dicotiledôneas, perenes, coletivamente conhecidas como plantas actinorhizal. O termo actinorhizal é dado aos nódulos radiculares que são formados por *Frankia* spp. As plantas actinorhizal são popularmente usadas como plantas pioneiras na regeneração de terras residuais. O gênero, *Frankia* foi originalmente nomeado por Brunchorst em 1886 para homenagear o biólogo alemão, A. B. Frank. J. Brunchorst considerava o organismo como um fungo filamentoso. Becking (1970) redefiniu o gênero como contendo actinomicetos procarióticos e criou a família Frankiaceae dentro da ordem Actinomycetales. As plantas actinorhizal proeminentes são *Alnus*, *Shepherdia* e *Hippophae*, que desempenham um papel vital na reconstrução do solo. Algumas plantas actinorhizais são utilizadas como quebra-ventos, madeira de celulose, madeira e lenha, enquanto outras são populares na dieta humana e como forragem para o gado (*Ceanothus* sp. e *Purshia* sp.). *Myrica* spp. é utilizada no sistema médico tradicional indiano para a prevenção e cura da gripe, constipações comuns e outras. As árvores actinorhizal também são valorizadas para o paisagismo, proporcionando sombra e contribuindo para o embelezamento de parques e cidades, etc. O estabelecimento e eficiência da simbiose entre *Frankia* e plantas actinorhizal como *Alnus*, *Elaeagnus* ou espécies de *Casuarina* é afetada por fatores ambientais como o pH do solo, o potencial da matriz do solo e a disponibilidade de elementos nutritivos como nitrogênio ou fósforo, mas, em última instância, limitada pelos genótipos de ambos os parceiros desta simbiose. A figura 18 mostra o amieiro negro (*Alnus glutinosa* L. Gaertn.) juntamente com os nódulos radiculares.

Fig. 18: Amieiro Negro (*A. glutinosa* L. Gaertu.) juntamente com nódulos radiculares.

A fixação de nitrogênio actinorrhizal é o resultado da associação simbiótica entre *Frankia*, actinomicetos fixadores de nitrogênio e variedades de plantas dicotiledôneas lenhosas. A fixação de nitrogênio atmosférico por plantas dicotiledôneas actinomicetas-noduladas contribuiu substancialmente para os ciclos globais do nitrogênio. Com base na planta fonte, Becking (1970) estabeleceu 10 espécies de *Frankia* como *Frankia alni, F. elaeagni, F. brunchorstii, F. discariae, F. casuarinae, F. ceanothi, F. coriariae, F. dryadis, F. purshiae,* e *F. cercocarpi*. No Manual de Bacteriologia Sistemática de Bergey, (1989), eles estão incluídos entre os "actinomicetos com esporângios multiloculares". *Frankia* é considerado como um potente PGPR e é conhecido por habitar dois nichos ecológicos distintos, *a saber,* os nódulos radiculares e o solo. Em cultura líquida, eles podem ser facilmente reconhecidos pelo aparecimento de estruturas redondas encapsuladas chamadas vesículas e estruturas reprodutivas chamadas esporos. As vesículas são o local de fixação de nitrogênio actinorhizal e os esporos são a estrutura reprodutiva de *Frankia*. Elas formam extensas hifas e esporangiospores de urso em esporângios multiloculares localizados em posição terminal ou intercalares sobre as hifas. As vesículas são estruturas lipídico-encapsuladas, aproximadamente esféricas, medindo entre 2 e 6 picômetros (pm) de diâmetro, presas terminalmente ou lateralmente às hifas por um talo curto de vesícula que também é encapsulado. Alguns membros do gênero também são relatados pela presença de pigmentos como vermelho, amarelo, laranja, rosa, marrom, esverdeado e preto em cultura. As cepas de *Frankia* testadas têm uma parede celular do tipo III contendo ácido mesodiaminopimélico, alanina, ácido glutâmico, ácido murâmico e glucosamina. Este tipo de parede é comum entre os actinomicetos aeróbicos. Os açúcares de células inteiras incluem quantidades variáveis de fucose, ribose, xilose, madurose, manose, galactose, glucose, ramnose e 2-0-methyl-D-manose.

As plantas actinorhizal são conhecidas por exibirem uma série de relações sinérgicas. As plantas actinorhizais mostraram um aumento da nodulação por inoculação com *Frankia*, na presença de bactérias do solo *Pseudomonas cepacia*. Isto deve-se à capacidade da bactéria de causar deformação dos pêlos radiculares, essencial para a infecção por Frankial. As plantas actinorhizais também são relatadas para formar uma relação sinérgica com micorrizas - tanto ecto como endomicorrizas. Vários estudos têm demonstrado efeitos positivos da dupla simbiose com *Frankia* e AMF no crescimento de várias outras espécies e têm fornecido evidências de uma sinergia entre os micro-simbiontes que podem melhorar o desenvolvimento e funcionamento das simbioses. Dupla inoculação de *Frankia* e AMF em *Alnus acuminata* Kunth. e *Ceanothus velutinus* Dougl. ex Hook. , resultou em maior concentração de nitrogênio e fósforo, peso seco máximo, aumento do número de nódulos, bem como seu peso e atividade nitrogenase. Há um aumento do conteúdo de nitrogênio em *Casuarina equisetifolia* L. inoculada com AMF e *Frankia, em* comparação com as mudas que foram inoculadas apenas com *Frankia. O* desempenho de campo do *Alnus cordata* inoculado com *Frankia* e AMF nas parcelas de arborização de minas foi descrito. A associação tripartida entre *Frankia*, *Alpova diplophloesus* (um fungo ecto-mycorrhizal) e *Alnus tenuifolia* melhorou o crescimento, a fixação de N $_2$e a aquisição de minerais de *A. tenuifolia.*

A presença de actinorrizas e micorrizas arbusculares pode reduzir as tensões vegetais causadas pelas condições adversas do solo. Os trabalhadores relataram que em plantas *Alnus* duplamente inoculadas, o conteúdo foliar de N e P foi significativamente aumentado, teve um crescimento foliar mais rápido e produziu maior número de folhas, maior número de nódulos radiculares quando inoculadas com *Frankia* spp. sozinho. Entretanto, quando os dois simbiontes foram inoculados juntos, um efeito sinérgico foi observado, resultando em um benefício maior para as plantas e para ambos os simbiontes. Ao todo oito cepas de actinomicetos endófitos dos nódulos radiculares de *Elaeagnus angustifolia* foram isoladas com a técnica de alívio de nódulos e inoculadas as cepas isoladas para a planta hospedeira. Usando *C. equisetifolia* inoculada com *Frankia* sp. , os pesquisadores demonstraram que a simbiose actinorhizal desempenha um papel importante na recuperação de terras degradadas. A inoculação com *Frankia* sp., aumenta o crescimento e a biomassa de *Alnus* sp. Além disso, o crescimento de Alder é maior quando as plantas são inoculadas com as cepas de *Frankia. A* inoculação com *Frankia* aumenta o conteúdo de N folhagem de *Alnus glutinosa* (L.) Gaertn. As plantas de amieiro inoculadas com *Frankia* sp. têm uma maior produtividade, maior comprimento de rebento, comprimento de raiz, produção de matéria seca e teor de clorofila. Sob condições de viveiro, *Frankia* fornece boas plantas de Alder para serem usadas em programas de reflorestamento. A inoculação com *Frankia* aumenta a taxa de sobrevivência das plântulas transplantadas para o campo. Uma plantação de *Alnus acumita* aumenta o conteúdo de N do solo em cerca de 279 kg/ha. Algumas outras espécies de plantas actinorrízicas também são utilizadas como plantas pioneiras como a *Coriaria* e a *Datisca*. Quando comparada à simbiose legume-Rizobia, a simbiose actinorrizal fixa-se na mesma taxa elevada de N $_2$estimada em cerca de 240-350 kgha $^{-1}$y^{-1} . A inoculação com *Frankia* tem um efeito benéfico na restauração e reflorestamento dos despojos da mina de bauxita. A investigação mostrou que nos despojos de minas de bauxita, o crescimento e a absorção de nutrientes (N, P, K) das plantas inoculadas com *Frankia* era maior do que os das plantas não inoculadas. Além do importante papel da *Casuarina* na recuperação da terra, a relação simbiótica entre a planta *Frankia-actinorhizal* também pode ser usada como uma ferramenta biocontroladora contra doenças como a murcha bacteriana (*Ralstonia* sp.), cataplexia (*Rhizoctonia* sp.), o oídio (*Oidium* sp. Actinobacterium é um grupo de bactérias que geralmente produz compostos antagónicos contra agentes patogénicos, desempenhando assim um papel vital na atenuação do desenvolvimento de diferentes doenças das plantas e mostrando assim potencial na protecção das plantas. As plantas de *Casuarina* inoculadas com *Frankia* são mais resistentes à doença da murcha bacteriana do que as plantas não inoculadas. Além disso, foi demonstrado que as cepas de *Frankia* podem contrabalançar a podridão das raízes de *C. equisetifolia* causada pela *Rhizoctonia* sp. Existe uma correlação positiva entre a dose de *Frankia*, a eficiência do controle de doenças e a formação de nódulos. Os resultados ilustram o papel positivo da *Frankia* como uma ferramenta ecológica para o controle de diversos patógenos vegetais e para a melhoria da produtividade agrícola. Estudos recentes mostraram que a inoculação de cepas de *Frankia* é uma estratégia apropriada para melhorar a simbiose *Frankia-Alnus*, resultando em um maior desempenho no crescimento das plantas e na disponibilidade de nitrogênio. Através da inoculação, as populações de *Frankia* podem ser estabelecidas em nódulos radiculares sob condições que não favorecem a formação de vesículas nos nódulos formados pelas populações indígenas de *Frankia*. Como os nódulos são perenes, o efeito positivo de tais inoculações pode continuar durante vários anos. Entretanto, para um efeito a longo prazo, a cepa introduzida deve competir com as populações indígenas de *Frankia* pela formação de nódulos, bem como permanecer ativa nos nódulos e sobreviver no solo. As cepas introduzidas de *Frankia* devem ser capazes de persistir no solo em um estado fisiologicamente ativo, uma vez que acredita-se que apenas a fração fisiologicamente ativa da população de solo de *Frankia* forma nódulos radiculares e associação simbiótica.

Frankia também é relatada para formar uma relação sinérgica com outras espécies bacterianas, especialmente PGPR. Geralmente existe uma relação tripartida entre *Frankia*, uma bactéria consumidora de hidrogênio, *Nocardia autotrophica* e espécies de plantas actinorhizal, *Alnus rubra*. A *Nocardia* ajuda a procurar o hidrogênio desenvolvido pela ação da nitrogenase. *Azospirillum* sp. foi isolado das raízes de várias árvores actinorrízicas. As plântulas de *Casuarina cunninghamiana* inoculadas com *Azospirillum braselinse* levaram a um aumento do crescimento (até 90%) sobre os controles não inoculados. O *Azospirillum* é conhecido por fixar nitrogênio atmosférico e secretar phytohormones que têm potencial para promover o crescimento. Este efeito deve-se principalmente à produção de phytohormones secretados pela bactéria.

A interação sinergética da inoculação micorrízica com *Frankia* sp. resultou em maior peso seco, número de nódulos e peso de nódulos e aumento da atividade nitrogenase em *Alnus nepalensis*. A associação de *Frankia* com *Casuarina* aumentou o crescimento e a biomassa. Além disso, nesta associação simbiótica, as bactérias conferem às plantas uma alta resistência às tensões abióticas e bióticas. A utilidade de tais funções também incentivou o valor da inoculação de mudas em viveiros e foi demonstrado, por exemplo, que a inoculação de Alders com *Frankia* pode proporcionar benefícios significativos de crescimento. A inoculação com *Frankia* e fungos micorrízicos juntos pode melhorar o crescimento das plântulas, mas também foi demonstrado que a co-inoculação de *A. glutinosa* com *Frankia* e AMF pode, pelo menos sob algumas condições, inibir o crescimento precoce das plântulas. Recentemente, tem sido relatado que os microorganismos do solo, incluindo as rizobactérias associativas e simbióticas pertencentes aos gêneros *Acinetobacter, Alcaligenes, Arthrobacter, Azospirillum, Azotobacter, Bacillus, Burkholderia, Enterobacter, Erwinia, Flavobacterium, Proteus, Pseudomonas, Rhizobium, Serratia, Xanthomonas* em particular, são as partes integrantes da biota da rizosfera que são conhecidas por envolver na colonização bem sucedida da rizosfera. O aumento no rendimento de vegetais, forragens e culturas de grãos com inoculação de rizobactérias diazotróficas tem sido demonstrado com sucesso. Os mecanismos implicados na estimulação do crescimento das plantas incluem a fixação de nitrogênio, supressão de patógenos vegetais, mineralização do fósforo orgânico ou solubilização de compostos inorgânicos fosfóricos, produção de fitohormona, colonização radicular, produção de antibióticos, produção de sideróforos e aumento da absorção de minerais. Os microrganismos benéficos que melhoram a saúde e nutrição das plantas através do aumento da resistência das plantas contra tensões bióticas incluem bactérias, como *Pseudomonas* spp. ou *Bacillus* spp. e fungos não micorrízicos como *Trichoderma* sp., *Gliocladium* sp. ou fungos micorrízicos. Além da interação direta com patógenos vegetais, os bioagentes microbianos também são relatados para induzir resistência sistêmica nas plantas. Muitas bactérias colonizadoras da rizosfera incluindo *Azotobacter*, *Azospirillum*, *Bacillus*, *Clostridium* e *Pseudomonas* tipicamente produzem substâncias que estimulam o crescimento das plantas ou inibem a atividade dos patógenos radiculares.

10.1.4 Morfologia e estruturas internas

Na célula vegetal, *Frankia* hyphae e vesículas estão encapsuladas com material semelhante a uma parede celular vegetal e permanecem fora do plasmalemma hospedeiro. A cápsula contém pectina, celulose e hemicelulose (xilanos). A cápsula foi descrita como "uma fina parede celular tubular interna da planta". Em *Ceanothus* sp., a cápsula tem uma concentração muito alta de poligalacturonanos e parece distinta da parede celular. A zona infectada é frequentemente delimitada por paredes celulares lenhificadas. As hifas passam através da lamela média das paredes celulares e do citoplasma hospedeiro. As "hifas colonizadoras" penetram radialmente nas paredes celulares e o ramo "hifas proliferadoras" nas células hospedeiras. À medida que a *Frankia* amadurece, as vesículas simbióticas assumem uma variedade de aparências, dependendo da planta. *Alnus sp.* e *Elaeagnus* sp. tem grandes vesículas esféricas, mulitépticas, enquanto membros das Rosaceae e *Ceanothus spp.* têm vesículas elípticas não elípticas. *Datisca* sp. e *Coriaria* sp. têm vesículas hifálicas que são interdigitadas com mitocôndrias hospedeiras, presumivelmente para manter baixos níveis de PO_2 nas proximidades da nitrogenase. *Myrica* e *Comptonia* sp. têm tumefacções hifálicas em forma de taco enquanto *Casuarina* sp. tem uma estrutura inteiramente filamentosa. A morfologia das vesículas em simbiose é controlada pela planta hospedeira, uma vez que todas as Frankiae isoladas produzem vesículas esféricas em cultura. A microscopia eletrônica de fratura gelada revelou que as vesículas simbióticas contêm o envelope multicamadas como estrutura que é feita em cultura.

10.1.5 Mecanismo de fixação de nitrogênio em *Frankia* spp.

Vesículas são o site de N_2-fixação em *Frankia*. A nitrogenase reduz o nitrogênio utilizando elétrons e ATP a partir de compostos doados pela planta. O produto final da operação das três enzimas nitrogenase, glutamina sintetase e glutamato sintetase é o glutamato que é geralmente o mais abundante no citoplasma celular. O produto amônia é mais provavelmente excretado da vesícula onde a glutamina sintetase (GS) a converte em nitrogênio orgânico (glutamina). A nitrogenase também produz gás hidrogênio como parte do seu ciclo catalítico. Pelo menos um H_2 é produzido por N_2 reduzido a amoníaco. Isto representa uma perda significativa de energia. No entanto, *Frankia*, como muitas outras $_2$ bactérias fixadoras de N, tem a enzima hidrogenase que serve para reciclar alguns dos elétrons perdidos em H_2. ATP é recuperada se esses elétrons forem reintroduzidos na cadeia de transporte de elétrons (ETC). Um benefício adicional é que o O_2 serve como o aceitador final de electrões na reacção oxi-hidrogénio, levando à potencial recuperação do ATP e à diminuição dos níveis de O no ambiente.$_2$

A amônia é a melhor fonte N para o crescimento da *Frankia*. Aminoácidos que são catabolizados como amoníaco também são bons substratos de crescimento. Vesículas e N_2-

fixação são induzidas em meio livre de N ou em meio com aminoácidos catabolizados como glutamato (asp, ala, pro). A regulação de N em *Frankiae* ocorre *através* da cascata da glutamina sintetase. Aminoácidos catabolizados como glutamato não criam amônia, levando a uma redução das piscinas de glutamina e a uma conseqüente ativação da fixação de nitrogênio. A assimilação da amônia ocorre *através* do ciclo glutamina-glutamato sintetase (GS-GOGAT).

10.2 Regulação da simbiose actinorhizal

A fixação do nitrogénio é, na sua esmagadora maioria, um esforço fraternal. A atividade fotossintética das plantas está ligada à atividade de fixação de nitrogênio das bactérias para reduzir o nitrogênio. Existe uma divisão de trabalho entre os dois organismos, cuja gestão cuidadosa permite benefícios óptimos para ambos. A natureza precisa da regulação desta relação é intrigante. O conhecimento dos genes vegetais envolvidos na simbiose é fragmentário, juntamente com a informação sobre genes francos e a sua expressão. Parece que as plantas actinorhizais sofrem a regulação da simbiose por feedback. Há pelo menos dois sinais diferentes que levam à regulação da nodulação. A relação simbiótica entre *Frankia* e as árvores actinorrízicas parece estar sob o controlo principalmente de dois componentes: o genótipo do hospedeiro e o genótipo de *Frankia.*

10.2.1 O papel do anfitrião

As atividades nitrogenase dos isolados de *Frankia* são diferentes em cultura pura e em condições *in situ*. As estirpes que apresentam taxas mais elevadas de nitrogênio em cultura frequentemente apresentam taxas mais baixas *in situ* e *vice-versa*. O genótipo do hospedeiro controla a morfologia dos nódulos. Além disso, a mesma estirpe bacteriana pode nodular diferentes hospedeiros e pode habitar nódulos de diferentes morfologias. Algumas cepas de *Frankia* são consideradas altamente ativas em condição simbiótica em comparação a outras. Essas cepas normalmente têm baixa atividade em cultura, mas quando diferentes genótipos hospedeiros estão sendo nodulados, a atividade da nitrogenase *in situ* torna-se alta. Quando uma combinação de cepas de *Frankia com* alta e baixa fixação de nitrogênio é selecionada e testada em três clones hospedeiros de *Casuarina*, verifica-se que um determinado clone hospedeiro sempre produziu o máximo de nódulos fixadores de nitrogênio, independentemente da cepa utilizada. Similarmente, há um clone hospedeiro que tende a produzir nódulos com a menor atividade. A fisiologia do hospedeiro é o mecanismo que é aproveitado pelo endosímbone durante a redução do nitrogênio. A demanda por nitrogênio fixo vem em grande parte do hospedeiro. A planta pode afetar este controle regulando os seguintes passos-chave em simbiose. (i) reconhecimento de estirpes específicas no momento da infecção e seleção de uma determinada estirpe (ii) desenvolvimento do nódulo (iii) supressão seletiva dos genes de defesa do hospedeiro para que a estirpe selecionada possa se desenvolver enquanto outras são restritas (iv) fornecimento de um ambiente protetor para o funcionamento da nitrogenase, seja regulando os níveis de leghaemoglobina, controlando a espessura das paredes das vesículas ou controlando a espessura da barreira celular hospedeira (v) controlando o metabolismo do nódulo especialmente regulando os níveis de glutamina sintase, controlando a exportação de amônia ou controlando os níveis de exigência de ATP para fixação de nitrogênio e (vi) regulando a síntese de compostos de carbono para utilização pelo microsímbone.

10.2.2 O papel das espécies de *Frankia*

Durante a infecção, as células de *Frankia* são conhecidas por eliciar fatores proteicos que medeiam a seleção do hospedeiro para a infecção. Embora várias cepas de *Frankia* possam infectar simultaneamente, apenas algumas são conhecidas por formar nódulos; destas, algumas produzem nódulos eficazes. Durante todo o processo de simbiose, uma interação contínua entre os determinantes Frankial e os fito hormônios relacionados ao hospedeiro continua. O hospedeiro e o micróbio também melhoram mutuamente os seus caracteres individuais. Este processo de regulação é modulado pela temperatura, concentração de nitrato no solo, humidade e outros factores ambientais. O principal fato, no entanto, é que *Frankia* é instrumental e o principal contribuinte do aparato de nitrogênio-fixação. Isso a torna responsável no processo de redução do nitrogênio. Estirpes que possuem um sistema de nitrogenase eficiente produziriam mais nitrogênio fixo em comparação a outros. O papel do microsymbiont é, portanto, vital na fixação do nitrogênio. A triagem de um grande número de isolados sob diversas condições ambientais e o uso de diferentes genótipos hospedeiros pode ajudar na identificação de estirpes superiores de *Frankia* fixadoras de nitrogênio. Seguindo tal estratégia, os pesquisadores são capazes de obter uma única cepa de *Azospirillum de* alta fixação de nitrogênio, entre uma coleção de 285 cepas. O genótipo da *Frankia*, portanto, é um jogador importante no sucesso da simbiose, mas parece ser grandemente influenciado por outros fatores também.

11. Perspectivas de plantas actinorrízicas em recuperação do ecossistema florestal com especial interesse nas plantações de chá de N. E. Índia

As plantas actinorhizal servem a numerosas funções no ecossistema florestal. A fixação de nitrogênio por essas plantas é um meio viável para substituir o N perdido por perturbação nas florestas. Elas podem contribuir com tanto nitrogênio por hectare quanto as leguminosas mais produtivas. A taxa de fixação de nitrogênio medida para algumas espécies de Amieiros é de até 300 Kg de N_2 por hectare por ano, próxima à maior taxa reportada nas leguminosas. Estas plantas fixadoras de azoto são pioneiras, estabelecendo-se após perturbações naturais ou antropogénicas e muitas vezes persistem até ficarem sombreadas por árvores de mais de um andar. Sendo a primeira espécie a colonizar os ambientes perturbados, as plantas actinorhizais desempenham um papel fundamental no enriquecimento do solo e, assim, permitem o estabelecimento de outras espécies numa sucessão ecológica. A abordagem eventualmente influencia a restauração de terras degradadas para o aumento da fertilidade. A degradação do solo pode ser definida como um processo em que o valor do ambiente biofísico é afetado ou alterado basicamente devido a intervenções e processos causados pelo homem (fatores antropogênicos) que eventualmente levam à deterioração da qualidade do solo e à perda de fertilidade. Acredita-se que é qualquer tipo de mudança ou perturbação indesejável da terra percebida como deletéria. A figura 19 mostra um cenário típico de degradação da terra que geralmente prevalece nas plantações de chá. Leva quase milhares de anos para formar o solo superior que está sob a influência de interacções versáteis planta-micróbicas. No entanto, devido a uma série de factores como a aplicação injudiciosa e ilegítima de produtos químicos, chuvas intensas e problemas relacionados com o clima; diversas actividades humanas, etc., o solo superior sofre erosão resultando na degradação do solo tanto em termos de qualidade como de perda de nutrientes e influenciando assim a redução da produção agrícola. O solo superior altamente degradado/erodificado tem menos capacidades de conservar a humidade do solo, o que parece ser vital para interacções saudáveis entre plantas e micróbios, assim como para a conservação dos nutrientes. A topografia e o clima desempenham um papel inevitável na degradação do solo e na perda de fertilidade. A degradação do solo pode ser minimizada com protocolos como a lavoura mínima, materiais de cobertura adequados através de mulching (especialmente no manejo de chá jovem), e plantio de contornos em encostas íngremes, eliminação segura de água, manejo adequado de drenagem, preenchimento de vagas, etc.

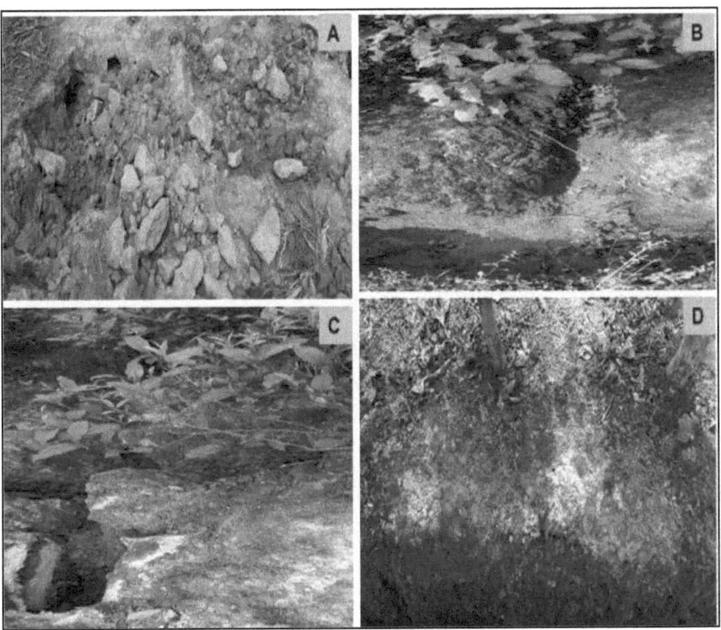

Fig. 19: Diferentes estágios de terra degradada.

A figura 20 representa diagramas de linha para indicar diferentes processos de degradação da terra/ solo. Como dito, diversos fatores naturais e antropogênicos (fenômeno induzido pelo homem) são encontrados associados à formação de terra degradada. Existem certos fatores que contribuem para a formação de terras degradadas, como operações deficientes de drenagem, extração ilegal, incêndios florestais, desenvolvimento agrícola, plantação de madeira, plantação de culturas agrícolas, mudança de cultivo, transmigração, operações de mineração e perfuração, operação de petróleo e gás, etc. Os efluentes industriais também contribuíram profundamente para a degradação da terra e do solo (Fig. 21). A Tabela 6 ilustra certas condições físicas, químicas e biológicas que contribuem para a degradação da terra. Como foi dito, a degradação da terra se reflete no declínio da produtividade da cultura e da qualidade da cultura ou do desenvolvimento das sementes produzidas. A conservação do solo é a necessidade da hora de conservação do solo superior para que os micróbios mais benéficos tenham interações regulares na rizosfera que têm influência direta na produção das culturas e na produção de qualidade.

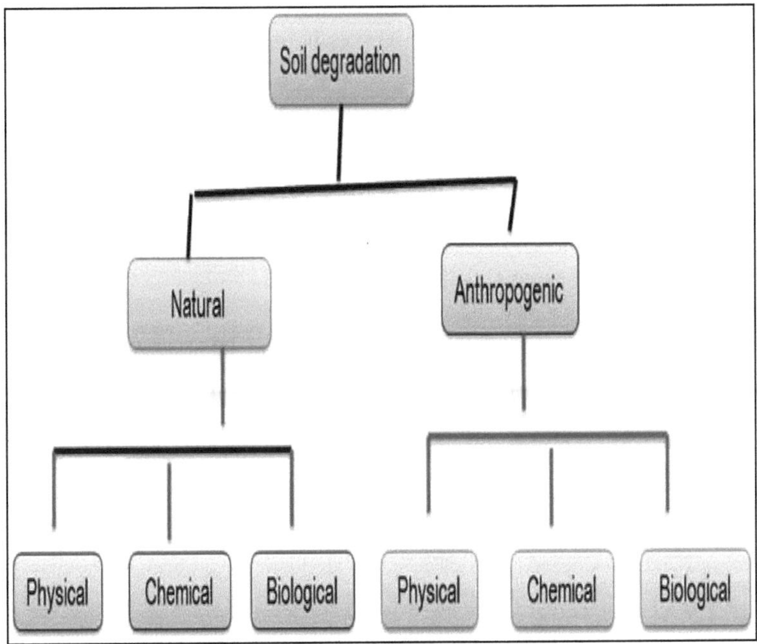

Fig. 20: Degradação da terra (influência natural e antropogénica).

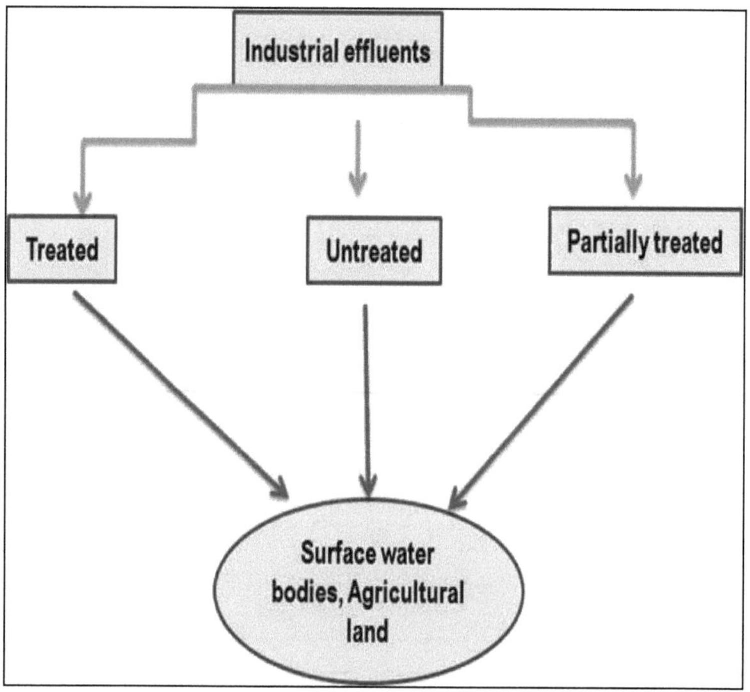

Fig. 21: Influência dos efluentes industriais na degradação da água e do solo.

Tabela 6: Análise de certos parâmetros, incluindo a degradação física, química e biológica do solo.

Componentes de degradação	Físico	Químico	Biológico
Processos	Lixiviação, Volatilização	Compactação do solo, actividades de erosão	Oxidação da matéria orgânica e perdas de biodiversidade
Sintomas específicos	Acidificação Baixos níveis de nutrientes, Poluição, Salinização, Alcalização, etc.	Trituração, batida, má retenção de água, perda de solo superficial, formação de panelas duras	Demonização da atividade faunística, decomposição retardada, enfraquecimento estrutural
Sintomas gerais	Rendimentos baixos ou em declínio, má resposta aos insumos		

A figura 22 mostra a gestão de terras de chá utilizando culturas de reabilitação do solo como a Guatemala (*Tripsicum laxum*). A reabilitação do solo é uma das práticas essenciais a ser realizada naquelas áreas que eventualmente abrigam solos duros ou compactos, principalmente devido à perda de solo superior durante a queima da matéria orgânica, uso regular de pesticidas tóxicos e outros produtos químicos, variáveis climáticas adversas como a seca, etc., e outros fatores antropogênicos. O objetivo de explorar a prática da reabilitação do solo é uma das atividades vitais nas áreas de cultivo de chá em todo o mundo para o crescimento e desenvolvimento adequado das plantas de chá, aeração do solo, matéria orgânica e manutenção de outras variáveis físico-químicas em suas condições ideais e a produtividade sustentada da área. Outras vantagens permanecem, uma vez que ajuda a melhorar a estrutura do solo e, portanto, proporciona melhor aeração e armazenamento de umidade. Devido às atividades de reabilitação, há um realce de categorias microbianas benéficas como micróbios fixadores de nitrogênio, micróbios solubilizantes de fosfato, micróbios mobilizadores de potássio, micróbios degradantes de celulose, micróbios solubilizantes de zinco etc., em solo de chá que de maneira direta ou indireta ajuda a melhorar a sustentabilidade.

Fig. 22 O manejo de terras de chá usando culturas de reabilitação como a Guatemala está sendo popularmente usado pelos produtores de chá para a reabilitação do solo (A-B). C. Atividades de cultivo de mulching na plantação de chá.

Embora a Guatemala seja mais popular como cultura reabilitadora na maioria das plantações de chá com um sistema radicular profundo e extenso, outras gramíneas como a Pusa napier híbrido gigante (*Pennisetum purpureum*), a erva-da-índia e plantas leguminosas como a *Mimosa invisa* também parecem ser ideais para este fim. A citronela (*Cymbopogan wintarianus*) também está sendo usada nas plantações de chá de N.E. Índia. A erva mana (*Cybopogan confertiflorus*) é amplamente utilizada no Sri Lanka e *Eragrostis curvula* na África. As culturas de reabilitação são geralmente plantadas em futuras filas de chá somente depois que a terra fica pronta através de atividades de lavoura. O período de reabilitação, porém, depende do estado do solo e do crescimento da cultura reabilitadora. A terra é considerada como sendo adequadamente reabilitada somente quando a cultura reabilitadora cresce satisfatoriamente.

Para além de aumentar a fertilidade e os aspectos relacionados com os nutrientes do solo desenraizado, existe outra perspectiva de reabilitação para proporcionar um descanso mínimo para o solo. As diversas pragas e patógenos que parasitam no chá não podem prosperar por muito tempo, após o desenraizamento e a remoção da planta hospedeira. Quando se utilizam gramíneas reabilitadoras como a Guatemala, o período de reabilitação é normalmente recomendado por dois anos, já que este período parece ser ideal para o crescimento da grama que não é suscetível a patógenos do solo como fungos da podridão das raízes. Em certos casos, pode ser recomendado prolongar o período de reabilitação se o crescimento do cultivo de reabilitação não for satisfatório, pois o crescimento vigoroso do cultivo dá uma indicação do sucesso das atividades de reabilitação. As culturas após o crescimento e reabilitação adequados são cortadas ao nível do solo e as ninhadas acabam sendo usadas *in situ* como cobertura morta (mulch). A cobertura morta é outra perspectiva e prática popularmente utilizada em quase todas as áreas de cultivo do chá. Um grande número de plantas, gramíneas, trepadeiras e arbustos estão sendo usados como cultura de cobertura morta nas plantações de chá em todo o mundo para conservar a umidade do solo, reduzir a degradação do solo e as atividades relacionadas à erosão, bem como adicionar matéria orgânica e outros nutrientes no solo de chá. A cobertura morta é também vital para manter a umidade do solo e promover o crescimento de diversas microfloras benéficas, incluindo os grupos funcionais de microorganismos cuja rápida interação com as plantas e nutrientes do solo é essencial para o crescimento e desenvolvimento adequado das plantas.

A figura 23 mostra os preparativos de drenagem no solo do chá, que é uma das atividades vitais; precisa ser cuidadosamente realizada a fim de evitar problemas de extração de água, mau arejamento e manutenção da saúde e higiene do solo. Tem sido relatado a partir de descobertas científicas que o mau arejamento e problemas relacionados à exploração da água no chá são responsáveis por deformidades no desenvolvimento radicular como sistema radicular raso, desenvolvimento de lenticelas, raízes semanais e raízes podres que são seguidas por coloração tintórica das raízes e desenvolvimento de doenças secundárias como o apodrecimento da raiz violeta (*Sphaerostilbe repens* como organismo causal). Assim, o principal objetivo da drenagem nas plantações de chá é basicamente remover o excesso de água da zona radicular para criar um ambiente de solo ideal para as raízes e eliminação segura das águas superficiais, a fim de evitar a degradação do solo. Um solo com um sistema de drenagem deficiente não é aceitável para o crescimento saudável das plantas pois as plantas são incapazes de localizar e absorver o seu nutriente num solo mal arejado. O sistema de drenagem cientificamente concebido é uma necessidade urgente para a maioria das áreas de cultivo de chá de N. E. Índia. O lençol freático também desempenha um papel fundamental neste aspecto, pois foi aconselhado pela maioria dos especialistas em drenagem que o lençol freático deve ser controlado a menos de 90 cm do nível do solo para controlar os problemas relacionados com a drenagem. A textura do solo, topografia, padrões pluviométricos influenciam fortemente o espaçamento e o desenho dos drenos nas plantações de chá.

Nos recentes avanços das ciências biológicas, tornou-se evidente que diferentes espécies de actinorhizal têm demonstrado a capacidade de crescer bem sob uma série de pressões ambientais, tais como alta salinidade, metais pesados e condições de pH extremo. Tais adaptações tornam as plantas actinorhizais mais úteis para a produção de lenha, agroflorestação e programas de recuperação de terras. Algumas plantas actinorhizais como *Alnus, Coriaria* e *Hippophae* são amplamente plantadas para prevenir a erosão do solo. As plantas como *Alnus* spp. para a produção de pasta de madeira ou madeira combustível são alguns usos comuns das árvores actinorhizais. Algumas espécies de plantas actinorhizais são utilizadas como culturas de enfermeira para plantas não fixadoras de nitrogênio, economicamente importantes. O sistema radicular executivo, capacidade de suportar condições climáticas severas, tolerância ao sal, capacidade de fixar nitrogênio atmosférico, lenha com alto poder calorífico e maior teor de vitamina C nos frutos tornam esta espécie muito útil para o ser humano.

Fig. 23: Preparação de drenos grandes e acessórios no solo do chá para resolver os problemas relacionados com o corte de água nas plantações de chá.

A Casuarina é outra planta actinorhizal que se estende às zonas tropicais; a sua capacidade de crescer em condições extremamente difíceis torna-a uma planta interessante para programas de reflorestação, bem como para a produção de lenha. Da mesma forma, *Myrica esculenta* é outra planta actinorhizal, ocorrendo na natureza. Os frutos de *M. esculenta* não são apenas consumidos pela população local, mas são também uma fonte de geração de renda no nordeste da Índia. Os frutos são coletados e vendidos no mercado pela população local e ajudam a gerar renda para atender às suas necessidades diárias. Além disso, a *Myrica* spp. também é útil no sistema de medicina tradicional para a prevenção e cura de gripe, resfriado, etc. Estas plantas não só resolvem os problemas de lenha e forragem para as populações locais, como também ajudam a fortalecer a sua economia. Estas espécies vegetais também são capazes de colonizar os ecossistemas degradados. As baixas exigências nutricionais e um módulo de uso eficiente dos nutrientes expostos por estas plantas tornam-nas úteis não só para restaurar o equilíbrio ecológico, mas também para satisfazer as exigências das populações locais.

O chá é uma cultura perene e está em grave ameaça devido ao uso injudicioso de suplementos de base química inorgânica que são usados rotineiramente para proteger as plantas de diversas pragas e patógenos do chá, bem como para o enriquecimento de nutrientes no solo por um grande número de décadas. O uso extensivo de substâncias químicas tóxicas pela intervenção humana no ecossistema do chá tem efeitos nocivos não só na saúde do solo, causando a deterioração da terra e a produção de qualidade do chá, mas também possui um enorme impacto prejudicial na biodiversidade natural presente no ecossistema do chá, incluindo os micróbios benéficos presentes na rizosfera do chá. A degradação da terra no chá é uma séria preocupação que tem aumentado consideravelmente nas últimas décadas devido a mudanças abruptas no clima, como estresse abiótico, extração de água, aplicação de produtos químicos tóxicos, seca, salinidade, etc., resultando na redução considerável da fertilidade do solo, degradação do ecossistema e extensas perdas de biodiversidade, incluindo populações de consórcios microbianos nativos e afeta a produtividade das culturas. O acúmulo de metais pesados na área de cultivo do chá é uma ameaça potencial para a degradação da terra. A reabilitação do sistema de terra degradada em áreas de cultivo de chá é de extrema importância para melhorar a estrutura e fertilidade do solo nativo e aumentar ainda mais as populações microbianas nativas no solo, o que eventualmente influencia a saúde do mato e a produção de chá de qualidade.

Pesticidas químicos são um dos poluentes artificiais amplamente utilizados na agricultura, incluindo o chá para combater problemas com diversas pragas e doenças, cuja aplicação acaba por levar à deterioração da qualidade do solo, degradação do solo, poluição do ar e das águas subterrâneas, criação de resíduos indesejáveis, aumento dos custos, ressurgimento de pragas primárias e desenvolvimento de doenças seguido de variação de susceptibilidade e desenvolvimento de resistência por pragas, impedância de agentes reguladores naturais, etc. Considerando as suas actividades nocivas, os pesticidas são considerados como um mal inessencial. Vários fatores bióticos e abióticos tendem a ser afetados devido à aplicação química no chá. A figura 24 representa o ciclo do pesticida. Existem muitas formas através das quais os produtos químicos tóxicos circulam no nosso ambiente.

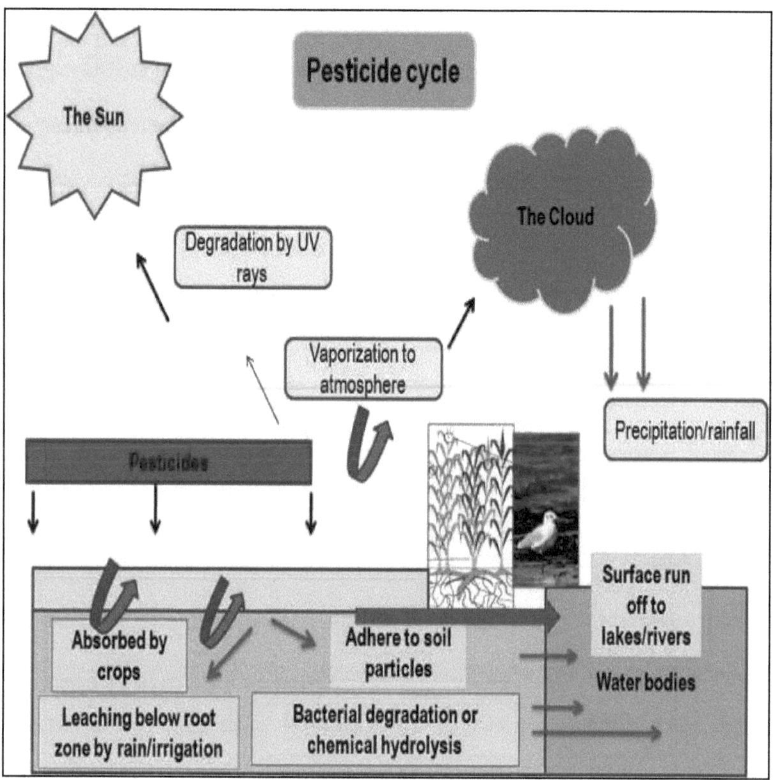

Fig. 24: Ciclo do pesticida.

Devido aos impactos perigosos dos pesticidas no solo nativo, na água, bem como ao afectar as interacções microbianas nativas nas amostras ambientais, é imperativo limitar o seu uso e apresentar ideias e tecnologias inovadoras não químicas para as degradar a ritmos mais rápidos. A biodegradação microbiana de pesticidas surgiu como uma alternativa nova e igualmente segura aos tratamentos químicos e físicos de pesticidas tóxicos. Existem amplos âmbitos na exploração da riqueza microbiana nas plantas endêmicas/ ameaçadas/ ameaçadas economicamente importantes. As plantas indígenas podem ser pesquisadas para explorar tesouros relacionados à atividade microbiana como bactérias produtoras de biosurfactantes (por exemplo, *Pseudomonas aeroginosa*, *P. fluorescens* (produção de ramnolipídios), *B. subtilis* (produção de lipopeptídeos e lipoproteínas) etc., micróbios degradantes de pesticidas como *Pseudomonas, Bacillus, Alcaligenes, Flavobacterium, Micromonospora, Rhizopus, Aspergillus* etc, assim como os microrganismos produtores de exopolímeros como *Arthrobacter, Citrobacter, Streptomyces*, Leveduras, etc., formação de biofilme microbiano (o tratamento mais comum de água contaminada com metais pesados usando espécies microbianas) e atividades de bioestimulação (para aumentar o potencial intrínseco de biodegradação de espécies microbianas potentes em matriz poluída através da acumulação de fertilizantes, emendas ou outros nutrientes). A imobilização celular é outra acomodação física de células microbianas viáveis para reprimir sua migração e exibir características hidrodinâmicas utilizadas para aumentar a eficiência microbiológica da degradação. Além disso, recentemente a tecnologia da engenharia genética deu novos conceitos de degradação de substâncias tóxicas e xenobióticos. Cepas microbianas eficientes podem ser modificadas pela tecnologia do DNA recombinante para que possam trabalhar contra grandes moléculas de produtos químicos e assim criar novos caminhos na degradação de pesticidas, que é a necessidade da hora para manter o cultivo sustentável do chá. Múltiplas cepas contendo plasmídeos de *Pseudomonas* sp. foram desenvolvidas com sucesso que são capazes de oxidar diferentes compostos. Os micróbios geneticamente modificados (GEMs) mostraram uma maior capacidade degradante e, portanto, promovem a rápida eliminação de poluentes complexos.

Para superar os problemas relacionados com a falta de alocação de nutrientes em solos degradados, árvores fixadoras de nitrogênio de crescimento rápido, tais como plantas actinorhizais que abrigam muitas categorias benéficas de PGPR, incluindo a espécie *Frankia,* podem ser usadas como uma estratégia eficaz e nova para o cultivo sustentável do chá e a restauração do ecossistema do chá. As espécies microbianas de importância agrícola (AIMs) são conhecidas por desempenharem um papel vital na aquisição de nutrientes para as plantas, incluindo o chá. A aplicação dos microrganismos benéficos pode melhorar a estrutura do solo, melhorar a saúde do solo e pode gerir os recursos naturais, sendo assim capaz de aumentar a produtividade das culturas sem prejudicar o ecossistema.

Plantas fixadoras de nitrogênio, tais como espécies actinorhizal que são capazes de crescer em solos pobres e perturbados podem ser amplamente selecionadas e plantadas em áreas de cultivo de chá para reduzir a degradação da terra e manter os problemas de fertilidade do solo. A abordagem eventualmente inicia o cultivo sustentável do chá usando novas cepas microbianas como a espécie *Frankia*. Associação de micróbios do solo especialmente as bactérias fixadoras de nitrogênio, *Frankia* com estas plantas actinorhizal pode mitigar os efeitos adversos causados devido a mudanças abruptas nos fatores climáticos, bem como insumos químicos nos campos de chá. A inoculação de plantas actinorhizal com *Frankia* melhora significativamente o crescimento e vigor das plantas, a biomassa, o conteúdo de N de rebentos e raízes e a taxa de sobrevivência após o transplante nos campos.

Também aparece a possibilidade de plantar plantas actinorrízicas em práticas agrícolas sustentáveis para aumentar a população deste recurso genético vegetal ecologicamente significativo e assim promover a sua conservação. Espécies de plantas actinorrízicas como *E. latifolia* L. e *M. esculenta* diminuíram rapidamente em número e população a partir da maioria das condições do habitat natural. Para conservar a diversidade genética das espécies vegetais actinorhizais são importantes, uma vez que estas plantas abrigam populações activas de micro-endosimbiontes como *Frankia* sp., que têm potencial uso como componente não químico dos programas de reabilitação do solo e estratégias eficazes para o programa de gestão de nutrientes e doenças na maioria dos ambientes de solo degradados, incluindo o ecossistema do chá.

Além disso, os frutos da maioria das plantas actinorhizal como *M. esculenta* e *E. latifolia* são naturalmente ricos em proteínas, carboidratos, etc., o que é outro benefício para os produtores de chá para vender estes alimentos nutritivos para a sua geração de renda. As baixas necessidades nutricionais e o uso eficiente dos nutrientes absorvidos tornam estas plantas úteis para o restabelecimento do equilíbrio ecológico e da opção amiga do ambiente.

As áreas protegidas (parques nacionais e santuários) representam os maiores reservatórios de recursos genéticos vegetais que podem ser estudados para estratégias de conservação da biodiversidade. As áreas protegidas estão cheias de uma enorme diversidade floral e faunística. O levantamento de reconhecimento registrou a existência de *M. esculenta, E. latifolia, Rubus ellipticus, Cassuarina* sp. etc. habitando as áreas. Contudo, devido à exploração excessiva da riqueza florestal natural, estas importantes espécies de plantas florestais estão à beira da extinção, embora tenham um enorme potencial para servir como componentes não químicos (alternativas biológicas) para o desenvolvimento de um sistema agrícola sustentável. As microfloras associadas a estas plantas são consideradas como imensas guerreiras contra diversos patógenos do solo que habitam em um determinado ambiente do solo. Micro-endosi-michões como *Frankia* associados a estas plantas desempenham um papel vital no crescimento, desenvolvimento e produção de metabolitos secundários na espécie vegetal alvo após inocular os micróbios em condições de viveiro e de campo. Isolamento de *Frankia* de nódulos radiculares de três espécies de plantas actinorhizal, nomeadamente; *C. glauca, C. cunninghamiana* e *C. equisetifolia* tem sido relatada. Há relatos de aumento no crescimento das folhas, número de folhas frescas e nódulos radiculares quando as plantas foram inoculadas com *Frankia* spp. Similarmente, o isolamento de *Frankia* sp. dos nódulos radiculares de *E. macrophylla* e *A. sieboldiana* e sua infecciosidade para as raízes das plantas hospedeiras tem sido estudada. Inoculação dessas linhagens isoladas para a planta hospedeira, embora não tenham iniciado a formação de nódulos, o crescimento da planta foi significativamente aumentado após a inoculação, em comparação com o controle sem tratamento. A inoculação com *Frankia* sp. aumenta o crescimento, a biomassa e o conteúdo total de N foliar de *Alnus* sp. Além disso, o crescimento de Alder é maior quando as plantas são inoculadas com as cepas de *Frankia*. As plantas mais velhas após a inoculação com *Frankia* sp. registraram maior produtividade, maior comprimento de broto e raiz, maior produção de matéria seca e teor de clorofila. Sob condições de viveiro, as plantas mais velhas inoculadas com *Frankia* proporcionam bons resultados, o que significa a sua importância em plantas jovens. Houve um aumento na taxa de sobrevivência das plântulas transplantadas para o campo após a inoculação das plântulas com *Frankia* sp. Uma plantação de *A. acumita* aumenta o conteúdo de N do solo em cerca de 279 kg/ha após a inoculação de *Frankia*. Quando comparada à simbiose legume-Rizobia, a simbiose actinorhizal fixa em alta taxa de N_2; estimada em cerca de 240-350 kgha^{-1}y^{-1}. No entanto, para um efeito a longo prazo, a estirpe introduzida deve competir com as populações indígenas de *Frankia* pela formação de nódulos e permanecer activa e sobreviver no solo. O duplo efeito inoculante das actinorrizas e micorrizas arbusculares na redução do stress vegetal causado pelas condições adversas do solo foi recentemente abordado. Os trabalhadores observaram que o conteúdo foliar de N e P foi significativamente aumentado devido à dupla inoculação de actinorrizas e micorrizas arbusculares (inoculação AM) nas plantas *Alnus*. Os dois simbiontes, devido à co-inoculação, podem resultar num efeito sinérgico que pode ter aumentado o benefício para as plantas e para os simbiontes. O crescimento de cepas de *Frankia* no solo com liteira foliar e na rizosfera de uma planta não actinorhizal *Betula pendula*, no solo a granel circundante e no solo emendado com liteira foliar tem sido relatado e assim demonstrado que o crescimento saprotrófico de frankiae é uma das características comuns para a maioria dos membros do gênero. O fator de crescimento de suporte como a capacidade de utilização de carbono, etc., pode influenciar o crescimento do microssímbone com o hospedeiro.

Como Assam é um ponto quente natural para o cultivo do chá e o uso extensivo de fertilizantes químicos, pesticidas e herbicidas nas áreas de cultivo do chá estão criando estragos neste "ecossistema da floresta de chá", além de perturbar a tranquilidade da plantação, a exploração e utilização da simbiose vegetal *Frankia-actinorhizal* serviria como uma abordagem biológica eficaz para o cultivo sustentável do chá e a reabilitação do solo. A fixação de nitrogênio por essas plantas é um meio viável de reduzir a carga de nitrogênio químico pelas plantas de chá para sua sobrevivência. Além disso, *Frankia* também é conhecida por exercer diversas habilidades de crescimento de plantas promovendo habilidades e protegendo as plantas de várias infestações patogênicas. O estabelecimento de tais associações actinorhizal em viveiros e plantações jovens de chá pode ter um enorme alcance enquanto mitiga o problema relacionado com a deficiência de nutrientes em plântulas jovens, bem como para combater grandes números de stress biótico e abiótico que rotineiramente causa redução de qualidade em plântulas jovens, produção de plantas defeituosas, intervenção patogénica em clones de chá transferidos, questões de redução de viabilidade, etc. Como os nódulos são perenes, o efeito positivo das inoculações de Frankia pode continuar durante vários anos, o ponto que precisa ser útil para inocular esses microendosiônimos sob situações de terra degradada, como o solo do chá. Como o chá é uma cultura perene, o solo nas plantações de chá sofre principalmente da aplicação injudiciosa e indiscriminada da maioria dos suplementos químicos tóxicos ao longo dos anos, o uso das plantas actinorhizais contendo estes benéficos endo-ósseis seria uma escolha adequada pelos plantadores para restaurar o solo sob cultivo. A simbiose actinorhizal desempenha um papel importante na recuperação de uma situação de terra degradada. *Frankia* parece ser uma ferramenta essencial nas abordagens holísticas de biorremediação. Diversos conjuntos de cepas de *Frankia de* vida livre estão presentes em solos com contaminação por hidrocarbonetos poliaromáticos (HAP). Sabe-se que as simbioses das plantas *Frankia-actinorhizal* aumentam a mineralização de poluentes orgânicos representativos em locais de recuperação de areias petrolíferas e, portanto, representam o seu maior potencial metabólico em situação de terra degradada. Tomados coletivamente, os resultados destacaram a perspectiva de *Frankia* como microendosiônimo que seria extremamente útil como uma alternativa ecologicamente correta para o controle de diversos patógenos vegetais e a melhoria geral da produtividade das culturas. Os benefícios de expor o solo do chá com este grupo de microorganismos não só melhoram o programa de reabilitação do solo em geral, mas também seriam úteis para aumentar a produtividade das culturas e a protecção das plantas. Em experiências em viveiros, observou-se que as plantas de *Casuarina* inoculadas com *Frankia* são mais resistentes à murcha bacteriana do que as plantas não inoculadas. O revestimento de sementes *com a* suspensão celular de *Frankia* spp. foi considerado eficaz no controlo biológico da podridão radicular de *Rhizoctonia* sp. das plântulas de *Casuarina equisetifolia*, sugerindo assim o papel da *Frankia* na protecção das doenças. Surge uma correlação positiva entre a dose de inoculação de *Frankia* e a eficiência do controle da doença. Estudos recentes mostraram que a inoculação de cepas de *Frankia* é uma estratégia apropriada para melhorar a simbiose *planta-franquídea* resultando em maior desempenho no crescimento da planta e disponibilidade de nitrogênio. Através da inoculação, as populações de *Frankia* podem ser estabelecidas em nódulos radiculares ou como crescimento saprófito em plantas não-actinorizantes, em solo a granel circundante ou em solo alterado com cama foliar, o processo que favorece a rizoremediação através de interações benéficas plantas-micróbicas. As cepas introduzidas de *Frankia* devem ser capazes de persistir no solo em estado fisiologicamente ativo, uma vez que apenas a fração fisiologicamente ativa da população do solo de *Frankia* é considerada para realizar a sua interação mutualista.

12. Conclusões e Perspectivas Futuras

O presente estudo visa focar o conhecimento indígena existente em plantas economicamente importantes de distribuição endêmica, tomando *E. latifolia* como modelo em N. E. Índia, a significativa região de megadiversidade biológica do mundo. Explorar o significado da biodiversidade de espécies vegetais endêmicas de N.E. Índia, até agora não exploradas, é essencial para desenvolver o conhecimento indígena, bem como os recentes desenvolvimentos no conhecimento sobre as estratégias de conservação eficazes dos recursos genéticos vegetais específicos que podem ser utilizados em diversas aplicações como silvicultura, medicina e agricultura, incluindo programas de restauração do solo. Do estudo, é relatado que N. E. compreende uma série de espécies vegetais indígenas economicamente importantes, *E. latifolia* L. que é única em seu habitat e distribuição e se torna endêmica, portanto, precisa de conservação. Acredita-se que o estudo aprofundado de valiosos estoques genéticos de plantas de imensa importância para a pesquisa sobre descoberta e desenho de medicamentos, validação de práticas de cura tradicionais, micropropagação de espécies comerciais e estudos biotecnológicos, incluindo genômica, metabólica e fenômica de plantas medicinais. Embora uma série de moléculas bioprospectantes e fitoquímicas já tenham demonstrado seu potencial em todo o mundo para seu uso como drogas potenciais para o tratamento de várias doenças e doenças degenerativas, incluindo o câncer, o potencial de recursos de várias plantas indígenas como *E. latifolia* L. está ainda para ser notado pelos biólogos recentes (uma vez que o seu conhecimento ainda está confinado à população local da comunidade), a fonte que pode ser utilizada em diferentes propósitos de bem-estar humano se cultivada cientificamente e utilizando protocolos modernos de conservação de plantas, uma vez que o seu número diminui de forma alarmante, quer devido à destruição do habitat, quer devido à não adopção de protocolos de conservação eficazes de padrões científicos. . O recurso genético mencionado não só é considerado como um recurso econômico valioso para o país de origem, mas também atua como espécie genética vegetal em potencial para todo o globo. Além disso, existem também amplas possibilidades de utilização de espécies vegetais endémicas para programas de restauração do solo, abrindo assim novas perspectivas para a investigação e desenvolvimento florestal, incluindo a recuperação de sistemas degradados de uso do solo (por exemplo, solo de chá). A abordagem ajudará significativamente na conservação dos recursos genéticos vegetais únicos a partir de novas perdas. Assam como centro dominante da produção de chá no patrimônio mundial também revelou possibilidades de utilização desses recursos genéticos vegetais (*E. latifolia* L.) como cultura de reabilitação para programas de recuperação do solo, pois essa planta serve como centro potencial de simbiose actinorrizal significativa e outras interações microbianas benéficas (individual ou em consórcio microbiano) no solo da rizosfera. A degradação do solo do chá causada pelo uso ilegítimo e injustificado de produtos químicos tóxicos e fatores relacionados ao clima pode ser minimizada com a utilização dos recursos genéticos desta planta como cultura alternativa para alcançar os objetivos de sustentabilidade no cultivo do chá. Além disso, os simbiontes microbianos bem como outros recursos microbianos benéficos habitados nestas espécies vegetais são tesouros potentes a serem utilizados para promover práticas agrícolas sustentáveis, incluindo o chá. Portanto, é urgentemente necessário preservar e proteger estas espécies de plantas economicamente importantes através de ferramentas e técnicas biotecnológicas modernas e empregar a microflora benéfica, incluindo os endófitos, endomicorrizas e tecnologia AM etc., para conservar a diversidade florestal em geral e assim acelerar tecnologias e ambientes mais verdes para as gerações futuras. A incorporação de materiais biológicos modernos como PGPMs nativos e AMF poderia ser usada como ferramentas únicas para o cultivo e propagação de espécies ameaçadas de extinção a serem usadas na agricultura sustentável, e para a conservação *in situ* e *ex situ* desses recursos vegetais e seus habitats naturais.

13. Bibliografia seleccionada

Ali, B. Sabri, A.A. Ljung, K. Hasnain, S. 2009. Auxin production by plant associated bacteria: impact on endogenous IAA content and growth of *Triticum aestivum* L. Letters Applied Microbiology, 48: 542-547.

Arora RK, Paroda RS (1991) Reservas da biosfera e conservação *in-situ*. In: Arora RK, Paroda RS (eds) Conservação e gestão de recursos genéticos vegetais: conceitos e abordagens. IDPGR, Regional Offi ce for South and South East Asia, Nova Deli, pp 299-314.

Becking, J.H. 1970. Frankiaceae fam. nov. (Actinomycetales) com uma nova combinação e seis novas espécies do gênero *Frankia*. International Journal of Systematic and Evolutionary Microbiology 20: 201-220.

Bhattacharyya, P.N. 2012. Diversidade de Microorganismos na Superfície e Subsuperfície do Solo da bacia hidrográfica do rio Jia Bharali em Brahmaputra Plains. Tese de doutorado. Universidade de Guwahati, Guwahati, Assam.

Bhattacharyya, P.N. e Jha, D.K. 2012. Rizobactérias promotoras do crescimento das plantas (PGPR): emergência na agricultura. World Journal of Microbiology and Biotechnology 28:1327-1350.

Bhattacharyya, P.N. e Jha, D.K 2015. Simbiose micorrízica na formação de compostos antioxidantes. CAB International, Plants as a source of antioxidant compounds, Dubey, N. K. (ed.) pp 252-281.

Mastiga, K. 2002. Georgics. Editora Hackett, Indianapolis, EUA, p 152.

Chhetri, R.B. 2006. Tendências de etno-domesticação de algumas plantas selvagens em Meghalaya, nordeste da Índia. Indian Journal of Traditional Knowledge, 5(3): 342-347.

Coelho, N., Gonçalves S., Romano, A. (2020) Conservação de espécies vegetais endémicas: abordagens biotecnológicas. Vegetais 9: 345; doi:10.3390/plantas9030345

Conservation International (2004) Biodiversity hotspots (2004) center for applied biodiversity science, conservation international.

Dawson, J.O.1990. Interacções entre espécies de actinorhizal e plantas associadas. Em The Biology of *Frankia* and Actinorhizal plants, Schwintzer, C.R. Tjepkema, J.D. (eds.). Academic Press, New York.

Diagne, N., Diouf, D. e Svistoonoff, S. 2013. *Casuarina* in Africa: distribuição, papel e importância do micorrizal arbuscular, fungos ectomicorrízicos e *Frankia* no desenvolvimento das plantas. Journal of Environmental Management, 128: 204-209.

Diagne N, Arumugam K, Ngom M, Nambiar-Veetil M, Franche C, Narayanan KK, Laplaze L. (2013) Uso de plantas de *Frankia* e actinorhizal para recuperação de terras degradadas. Biomed Res Int. pp. 1-9. 948258. doi: 10.1155/2013/948258.

Diem, H.G. e Dommergues, Y.D. 1990. Current and potential uses and management of casuarinaceae in tropics and subtropics, 317-342. Em The biology of *Frankia* and actinorhizal plants. Schwintzer, C.R. Tjepkema, J.D. (eds) Academic Press, New York.

Dobbelaere, S., Vanderleyden, J. e Okon, Y. 2003. Efeitos promotores de crescimento de plantas de diazotrofas na rizosfera. Critical Reveiw Plant Science 22: 107-149.

Dommergues, Y.R., Duhoux, E. e Diem, H.G. 1998. Les arbres fixateurs d'azote. Editions speciales. CIRAD-FAO-IRD, Montpellier, França.

Engelmann F, Takagi H (eds) (2000) Criopreservação do germoplasma de plantas tropicais. Progresso e aplicação atual da pesquisa. Proceedings of an international workshop Tsukuba Japan, October, 1998.

Franche, C., Lindstrom, K., Elmerich, C., 2009. Bactérias fixadoras de azoto associadas a leguminosas e plantas não leguminosas. Solo Vegetal 321: 35e59.

Glick, B.R. 1995. A melhoria do crescimento das plantas através de bactérias vivas livres. Canadian Journal of Microbiology, 41(Suppl 2): 109-114.

Gray, E.J. e Smith, D.L. 2005. PGPR intracelular e extracelular: pontos em comum e distinções nos processos de sinalização de bactérias vegetais. Soil Biology and Biochemiswtry 37: 395-412.

Griffi ths GH, Vogiatzakis I (2011) Habitat aborda a conservação da natureza. In: Millington A, Blumler M, Schickhoff U (eds) The SAGE handbook of biogeography. SAGE Publications, Londres, pp 502-571.

Gtari, M., Tisa, L.S., Normand, P., 2013. Diversidade de cepas de Frankia, simbiontes actinobacterianos de plantas actinorhizais. Endófitas simbióticas 123e148.

Halewood M, Chiurugwi T, Sackville Hamilton R, Kurtz B, Marden E, Welch E, Michiels F, Mozafari J, Sabran M, Patron N, Kersey P, Bastow R, Dorius S, Dias S, McCouch S, Powell W. (2018) Plant genetic resources for food and agriculture: opportunities and challenges emerging from the science and information technology revolution. Novo Phytol. 217(4):1407-1419. doi: 10.1111/nph.14993.

Herrmann, L., Lesueur, D. e Giampieri, F. 2011. Coleta de Plantas Diversidade Genética: Diretrizes Técnicas, 1-17. Atualização do Capítulo 26: Coleta de Bactérias Simbióticas e Fungos .

Heywood VH, Jackson PW (1991) Tropical botanic gardens. O seu papel na conservação e desenvolvimento. Academic Press Limited, Londres.

Hiltner, L. 1904. Uber neuere Erfahrungen und Probleme auf dem Gebiet der Bodenbakteriologie und unter besonderer Berucksichtigung der Grundungung und Brache. Arbeiten der Deutschen Landwirtschaftlichen Gesellschaft, 98:59-78

Hobohm C, Vanderplank S, Janišová M, Tang CQ, Pils G, Werger MJA, Tucker CM, Clark VR, Barker NP, Ma K, Moreira-Muñoz A, Deppe U, Elórtegui Francioli S, Huang J, Jansen J,

Ohsawa M, Noroozi J, Sequeira M, Bruchmann I, Yang W, Yang Y (2014) Síntese. In: Hobohm C (ed) Endemismo em plantas vasculares SE - 8, vol 9. Springer, Dordrecht, pp 311-321.

Hong TD, Ellis RH (1996) A protocol to determine seed storage behaviour, IPGRI technical bulletin no. 1. International Plant Genetic Resources Institute, Roma.

Irwin SJ, Narasimhan D (2011) Gêneros endêmicos de angiospermas na Índia: uma revisão. Rheedea 21(1):87-105.

Isopi, R., Fabbri, P., Del-Gallo, M. e Puppi, G. 1995. Dupla inoculação de *Sorghum bicolor* (L.) Moench ssp. *bicolor* com micorrizas vesiculares arbusculares e *Acetobacter diazotrophicus*. Simbiose, 18:43-55.

IUCN/UNEP/WWF (1980) World conservation strategy: living resources conservation for sustainable development. UICN, Gland.

Jalli, R., Aravind, J., Pandey A. (2015) Conservation and Management of Endemic and threatened plant species in India: an overview. Bir Bahadur et al. (eds.), Plant Biology and Biotechnology: Volume II: Genómica Vegetal e Biotecnologia, pp. 461-486. doi. 10.1007/978-81-322-2283-5_24.

Jha, D.K., Sharma, G.D., e Mishra, R.R. 1992. Ecologia da microflora do solo e simbiontes micorrízicos em florestas degradadas a duas altitudes. Biologia e Fertilidade dos Solos, 12:272-278

Jog, R., Nareshkumar, G., Rajkumar, S., 2016. Melhoria da Saúde do Solo e Promoção do Crescimento das Plantas por Actinomycetes. Springer, pp. 33e45.

Kendall, J.M., Tanaka, Y., Myrold, D.D., 2003. A dupla inoculação aumenta o crescimento de plantas com a Frankia no amieiro vermelho *Alnus rubra* Bong em camas fumigadas de berçário. Simbiose 34, 253e260.

Kloepper, J.W. e Schroth, M.N. 1978. Rizobactérias promotoras do crescimento de plantas em rabanetes, 879-882. In: Actas da 4ª conferência internacional sobre bactérias patogénicas das plantas. Gilbert-Clarey, Tours.

Krumholz, G.D., Chval, M.S., McBride, M.J. e Tisa, L.S. 2003. Germinação e propriedades fisiológicas dos esporos de *Frankia*. Planta e Solo, 254 :57-67

Martinez-Viveros, O., Jorquera, M.A., Crowley, D.E., Gajardo, G. e Mora, M.L. 2010. Mecanismos e considerações práticas envolvidas na promoção do crescimento de plantas por rizobactérias. Journal of Soil Science and Plant Nutrition, 10:293-319.

Mayak, S., Tirosh, T. e Glick, B.R. 2004. As bactérias promotoras do crescimento das plantas conferem resistência às plantas de tomateiro ao stress salino. Plant Physiology and Biochemistry, 42(6):565-572.

Montesinos, E. 2003. Microorganismos associados a plantas: uma visão a partir do âmbito da microbiologia. International Microbiology, 6:221-223.

Myers N (2003) Biodiversity hotspots revisitados. Biol Sci 53(10):916-917.

Nayar MP (1996) Hotspots de plantas endêmicas da Índia, Nepal e Butão. TBGRI, Thiruvananthpuram.

Obertello, M., Say, M.O., Laplaze, L., 2003. Actinorhizal nitrogen fixing nodules: infection process, molecular biology and genomics. Afr. J. Biotechnol. 2, 528e538.

Oliveira, R.S., Castro, P.M.L., Dodd, J.C. e Vosatka, M. 2005. Efeito sinergético de *Glomus intraradices* e *Frankia* spp. no crescimento e recuperação do stress de *Alnus glutinosa* num sedimento antropogénico alcalino. Chemosphere, 60:1462-1470.

Omura M, Akihama T (1980) Preservação do pólen de árvores frutíferas para genebanks no Japão. Planta Genet Resour Newsl 43:28-31.

Oshone, R., Ngom, M., Chu, F., Mansour, S., Sy, M.O., Champion, A., Tisa, L.S., 2017. Abordagens genômicas, transcriptômicas e proteômicas para compreender os mecanismos moleculares de tolerância ao sal em cepas de Frankia isoladas das árvores de *Casuarina*. BMC Genom. 18 (1), 633e639.

Pang, M.F., Abdullah, N., Lee, C.W. e Ng, C.C. 2008. Isolamento de DNA de alto peso molecular do solo do topo da floresta para análise metagenómica. Asia Pacific Journal of Molecular Biology and Biotechnology, 16(2):35-41

Patel, R.K., Singh, A. e Deka, B.C. 2008. *Soh Shang* (*Elaeagnus latifoila* L.): Um fruto subutilizado da região nordeste precisa de ser domesticado. ENVIS bulletin on Himalayan Ecology, 16(2):1-3.

Pawalowski, K., Sirrenberg, A., 2003. Simbiose entre Frankia e plantas actinorhizal: nódulos radiculares de não leguminosas. Indian J. Exp. Biol. 4, 1165e1183.

Pozo, M.J., Cordier, G., Dumas - Gaudot, E., Gianinazzi, S., Barea, J.M., Azcon - Aguilar, G. 2002. Efeito localizado versus sistêmico de fungos micorrízicos arbusculares nas respostas de defesa à infecção por *Phytophthora* no tomateiro. Journal of Experimental Botany, 53(368):525-534.

Rao NS, Das SK (2011) Classificação de jardins de ervas na Índia usando mineração de dados. J Theor Applied Inform Technol 25(2):71-78.

Roberts EH (1975) Problemas de armazenamento a longo prazo de sementes e pólen para conservação de recursos genéticos. In: Frankel OH, Hawkes JG (eds) Crop genetic resources for today and tomorrow. Cambridge University Press, Cambridge, pp 269-295.

Rodgers WA, Panwar HS, Mathur VB (2000) Wildlife protected area network in India: a review. Instituto de Vida Selvagem da Índia, Dehradun.

Sarasan V, Cripps R, Ramsay MM, Atherton C, McMichen M, Prendergast G, Rowntree JK (2006) Conservation *in vitro* of threatened plants-progress *in* the past decade. In Vitro Cell Dev Biol Plant 42:206-214.

Selo, T. 2011. Atividade antioxidante de algumas frutas comestíveis silvestres do estado de Meghalaya na Índia. Avanços na Pesquisa Biológica, 5 (3): 155-160.

Subba, Rao, N.S. 1993. Biofertilizantes na agricultura e silvicultura. Oxford e IBM Publishing Co., (P) Ltd., 3ª edição.

Gestão do campo de chá. Tea Research Association, Tocklai Tea Research Institute, Jorhat 785008, Assam, Índia.

Terkina, I.A., Parfenova, V.V. e Ahn, T.S. 2006. Atividade antagônica de actinomicetos do Lago Baikal.Applied Biochemistry and Microbiology, 42:173-176.

Tiwari, S. C. 1995. *Alnus nepalensis* D. Don produção de biomassa e resposta de crescimento à inoculação com *Frankia* e micorriza arbuscular vesiculosa,184-188. In: Adholeya, A. e Singh, S. (Eds.) Mycorrhizae: Biofertilizantes para o Futuro. TERI, Lodhi Road, Nova Deli, Índia.

UNEP (1992) Convention biological diversity. Programa das Nações Unidas para o Ambiente, Nairobi.

Vázquez, M.M., César, S., Azcón, R. e Barea, J.M. 2000. Interacções entre fungos micorrízicos arbusculares e outros inoculantes microbianos (*Azospirillum, Pseudomonas, Trichoderma*) e os seus efeitos na população microbiana e nas actividades enzimáticas na rizosfera das plantas de milho. Ecologia Aplicada do Solo, 15:261-272.

Velasquez, E., Garcia-Fraile, P., Ramirez-Bahena, M.H., Rivas, P. e Martinez-Molina, E. 2010. Bactérias envolvidas na simbiose leguminosa fixadora de nitrogênio: perspectiva taxonômica atual, 1-25. In: Kan MS, Zaidi A, Musarrat J, editores. Microbios para a melhoria das leguminosas. Springer-Verlag, Viena.

Verghese, S. e Mishra, A.K. 2002. Frankia- simbiose actinorhizal com especial referência à relação hospedeiro -microsymbiont. Current Science, 83 (4): 404-408.

Wall, L. 2000. A simbiose actinorhizal. Journal of Plant Growth Regulations, 19:167-182.

Wheeler, C.T., Hollingsworth, M.K., Hooker, J.E., McNeill, J.D., Mason, W.L., Moffat, A.J. e Sheppard, L.J. 1991. O efeito da inoculação com Frankia cultivada ou com nódulos esmagados sobre a nodulação e crescimento de *Alnus rubra* e *Alnus glutinosa* em viveiros florestais. Ecologia e gestão florestal, 43: 153-166.

Withers LA (1991) Biotecnologia e conservação de recursos genéticos vegetais. In: Paroda RS, Arora PK (eds) Conservação e manejo de recursos fitogenéticos. Conceitos e abordagens. IBPGR Reg. S. & SE, Nova Deli, pp 273-297.

Yanthan, M. e Misra, A.K. 2013. Abordagem molecular para a classificação do gênero actinorhizal *Myrica, de* importância médica. Jornal Indiano de Biotecnologia, 12:133-136.

Zhang, C.S. e McGrath, D. 2004. Análises geoestatísticas e SIG sobre as concentrações de carbono orgânico do solo nos prados do sudeste da Irlanda de dois períodos diferentes. Geoderma, 119: 261-275.

Zhong, C., Zhang, Y., 2003. Introdução e manejo de espécies de árvores Casuarina na China. Para. Sci. Technol. 17: 107e114.

Zhong, C., Zhang, Y., Chen, Y., Jiang, Q., Chen, Z., Liang, J., Pinyopusarerk, K., Franche, C. e Bogusz, D. 2010. Pesquisa Casuarina na China. Simbiose, 1:107-114.

yes
I want morebooks!

Buy your books fast and straightforward online - at one of world's fastest growing online book stores! Environmentally sound due to Print-on-Demand technologies.

Buy your books online at
www.morebooks.shop

Compre os seus livros mais rápido e diretamente na internet, em uma das livrarias on-line com o maior crescimento no mundo! Produção que protege o meio ambiente através das tecnologias de impressão sob demanda.

Compre os seus livros on-line em
www.morebooks.shop

KS OmniScriptum Publishing
Brivibas gatve 197
LV-1039 Riga, Latvia
Telefax: +371 686 204 55

info@omniscriptum.com
www.omniscriptum.com

Printed by Books on Demand GmbH, Norderstedt / Germany